XÉNOPHON

ÉCONOMIQUE

TRADUCTION FRANÇAISE AVEC LE TEXTE EN REGARD

PAR

E. TALBOT

Professeur de rhétorique au lycée Condorcet

REVUE ET ANNOTÉE

PAR M. DE PARNAJON

Professeur au lycée Henri IV

PARIS

LIBRAIRIE HACHETTE ET Cie

79, BOULEVARD SAINT-GERMAIN, 79

XÉNOPHON

—

ÉCONOMIQUE

A LA MÊME LIBRAIRIE :

Xénophon. *Économique.* Texte grec, publié avec une notice, un argument et des notes par M. GRAUX, et complété par M. A. JACOB, maître de conférences à l'École des Hautes Études. Un vol. petit in-16, cart.   1 fr. 50

—— *Économique*, expliquée d'après une méthode nouvelle, par deux traductions françaises, l'une littérale et *juxtalinéaire*, présentant le mot à mot français en regard des mots grecs correspondants; l'autre correcte et précédée du texte grec, avec des sommaires et des notes en français, par M. DE PARNAJON. Un volume in-16, broché.   3 fr. 50

43681. — Imprimerie LAHURE, rue de Fleurus, 9, à Paris.

XÉNOPHON

ÉCONOMIQUE

TRADUCTION FRANÇAISE AVEC LE TEXTE EN REGARD

PAR

E. TALBOT

Professeur de rhétorique au lycée Condorcet

REVUE ET ANNOTÉE

PAR M. DE PARNAJON

Professeur au lycée Henri IV

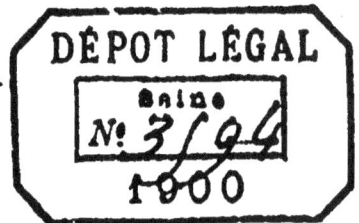

——◇◉◇——

PARIS

LIBRAIRIE HACHETTE ET Cie

79, BOULEVARD SAINT-GERMAIN, 79

1900

ARGUMENT ANALYTIQUE

DES ONZE PREMIERS CHAPITRES DE L'ÉCONOMIQUE.

I. Socrate, avant de discuter sur l'économie, en établit les principes; il montre que c'est l'art de gouverner sa maison et celle d'un autre; or, par maison, il entend tous les biens que nous possédons, c'est-à-dire ceux dont nous savons tirer parti; mais cette science de gouverner sa maison ne suffit pas pour faire un bon père de famille; il faut encore être libre des mauvaises passions qui nous conduiraient infailliblement à notre ruine.

II. Socrate prouve, en plaisantant, à Critobule qu'il est pauvre dans sa richesse, et que, lui Socrate, est riche dans sa pauvreté. Critobule le prie alors de lui enseigner l'art d'augmenter sa fortune. Socrate répond qu'il ne le connaît pas, mais qu'il lui désignera ceux auprès desquels il peut l'apprendre.

III. Socrate conseille à Critobule d'examiner la conduite de ceux qui administrent bien ou mal leur fortune; car les mêmes professions, selon qu'elles sont exercées avec intelligence ou sans

réflexion, enrichissent les uns, ruinent les autres. Quant aux métiers sédentaires qui énervent l'âme et le corps, Critobule devra
les laisser de côté et s'adonner exclusivement à l'agriculture et à
l'art militaire.

IV. Socrate, pour prouver l'excellence de l'agriculture et de l'art
militaire, s'appuie sur l'autorité du roi de Perse. Épisode de
Cyrus le Jeune et de Lysandre.

V. Socrate continue à faire l'éloge de l'agriculture; elle procure
de douces jouissances, augmente la fortune, prépare les corps aux
travaux guerriers, entretient et nourrit les arts. Mais, dit Critobule,
les espérances de l'agriculture sont souvent ruinées par les fléaux
naturels. C'est qu'en agriculture, comme pour tout le reste, répond Socrate, tout dépend de la protection des dieux, et qu'il faut
avant tout se les rendre favorables.

VI. Socrate résume tout ce qui a été dit dans les chapitres pré-
cédents et propose à Critobule Ischomachus, comme le type de
l'homme de bien et du père de famille.

VII. Il raconte la rencontre qu'il a faite d'Ischomachus, et la conversation qu'il a eue avec lui. Dans cet entretien, Ischomachus lui
avait appris comment il avait initié sa jeune femme au rôle de la
mère de famille et aux devoirs qui étaient son partage dans la
communauté;

VIII. Comment il avait fait comprendre à sa compagne l'utilité
et l'importance de l'ordre dans une maison;

IX. Comment ils avaient fait choix, tous deux, d'une intendante
sage, sobre, laborieuse, fidèle, choix qui ne rendait pas moins indispensable la surveillance incessante de la maîtresse de maison;

X. Comment il avait détourné sa femme de la coquetterie et d'un
goût exagéré pour la toilette;

XI. Comment enfin, grâce à la protection divine qu'il ne cessait d'invoquer, il était devenu robuste de corps, estimé de ses concitoyens, cher à ses amis, capable de sortir honorablement de péril à la guerre, possesseur d'une fortune honnêtement acquise: prêt, à l'occasion, à se faire rendre justice et à se défendre des accusations portées contre lui.

XII. Socrate demande alors à Ischomachus comment il se procure de bons contre-maîtres pour le seconder dans ses travaux et les qualités qu'il exige d'eux. Ischomachus répond qu'il les forme lui-même, et qu'il choisit parmi ses serviteurs ceux qui sont attachés à sa personne, soigneux, et assez sensibles au gain.

XIII. Toutefois ces qualités ne suffisent pas. Il faut que les contre-maîtres connaissent ce qu'ils ont à faire, et surtout sachent se faire obéir. Or Ischomachus les forme au commandement en leur montrant qu'on gouverne les hommes par les châtiments et les récompenses.

XIV. Enfin, il faut qu'ils soient justes, c'est-à-dire qu'ils respectent le bien du maître. C'est encore Ischomachus qui leur donne des leçons de justice, en empruntant aux lois de Dracon et de Solon les peines portées contre les serviteurs infidèles, et aux ordonnances des rois de Perse les récompenses qui sont le prix de la fidélité.

XV. Mais ce contre-maître accompli une fois trouvé, comment lui apprendras-tu, dit Socrate, ce qu'il a à faire? Rien de plus simple, répond Ischomachus; car l'agriculture est aussi facile à apprendre qu'agréable à exercer. C'est un art qui n'a point de secrets; tout s'y fait au grand jour; il suffit de regarder et de questionner pour devenir en peu de temps un habile agriculteur

XVI. Ainsi n'est-il pas bien aisé de reconnaître la nature d'un terrain et ce qu'il peut produire, soit qu'on examine le terrain voisin, soit qu'on voie ce qu'il porte lui-même naturellement, sans être cultivé? Quant au labour, personne ne choisira pour cette opération l'hiver, où la terre est détrempée par les pluies, ni l'été, où elle est durcie par le soleil; on préférera le printemps, quand elle est meuble et facile à préparer.

XVII. Pour les semailles il est reconnu qu'elles doivent se faire en automne, quand la pluie a amolli la terre. Maintenant faut-il déposer la même quantité de blé dans tous les terrains? De même que l'on verse plus d'eau dans le vin qui est fort, qu'on impose un fardeau plus lourd à un homme plus robuste, on jettera plus de semences dans un terrain gras que dans un terrain sec. Puis, la semence confiée à la terre, on la débarrassera à l'aide du sarcloir des herbes qui pourraient l'étouffer.

XVIII. La moisson, le battage, le vannage ne sont pas des opérations plus compliquées. Socrate ne sait-il pas aussi bien qu'Ischomachus lui-même qu'il faut couper le blé sous le vent, à fleur de terre, si le brin est court; près de l'épi, s'il est haut; le battre, en veillant à ce que toutes les gerbes soient foulées sous les pieds des bêtes de somme, et le vanner sous le vent, de manière que la balle ne revienne pas sur le grain?

XIX. Ne sait-il pas aussi, quand il s'agit de planter, à quelle profondeur il faut creuser la fosse, selon que le terrain est sec ou humide; quelle position il faut donner à la bouture, avec quel soin il faut fouler la terre autour du plant, comment on recouvre de terre grasse les marcottes d'olivier, et comment on place une coquille par-dessus la terre grasse? Sans doute dans les autres arts, la musique, la peinture, par exemple, on ne sait rien, sans

avoir appris; pour l'agriculture il suffit de suivre les indications
données par la nature.

XX. Comment se fait-il donc, dit Socrate, puisque l'agriculture
est si facile à apprendre, qu'elle enrichisse les uns et laisse les
autres dans l'indigence? C'est que les uns sont actifs, les autres
indolents, répond Ischomachus. Il en est des agriculteurs comme
des généraux qui diffèrent moins entre eux par l'intelligence que
par l'activité. Surtout il faut veiller à ce que les ouvriers emploient
bien leur temps. Enfin, un moyen infaillible de faire fortune, c'est
d'acheter un terrain négligé ou inculte, de l'améliorer, puis de le
revendre, quand le travail en a doublé la valeur.

XXI. Pour conclure, Ischomachus reconnaît qu'en agriculture
comme en politique, en économie, à la tête des armées, le point
essentiellement utile est le talent de commander. C'est là surtout
ce qui crée une grande différence entre les hommes. Ainsi certains
chefs de galères, certains capitaines, obtiennent tout ce qu'ils
veulent de leurs subordonnés, tandis que d'autres ne savent que
s'en faire détester. Pour acquérir ce talent il faut beaucoup d'ap-
plication, une nature excellente et une sorte d'inspiration divine.

ΞΕΝΟΦΩΝΤΟΣ

ΟΙΚΟΝΟΜΙΚΟΣ[1].

1

Ἤκουσα δέ ποτε αὐτοῦ[2] καὶ περὶ οἰκονομίας τοιάδε δια-
λεγομένου·

ΣΩΚΡΑΤΗΣ. Εἰπέ μοι, ἔφη, ὦ Κριτόβουλε[3], ἄρά γε ἡ
οἰκονομία ἐπιστήμης τινὸς ὄνομά ἐστιν, ὥσπερ ἡ ἰατρικὴ καὶ ἡ
χαλκευτικὴ καὶ ἡ τεκτονική;

ΚΡΙΤΟΒΟΥΛΟΣ. Ἔμοιγε δοκεῖ, ἔφη ὁ Κριτόβουλος.

Σ. Ἦ καὶ ὥσπερ τούτων τῶν τεχνῶν ἔχοιμεν ἂν εἰπεῖν ὅ τι
ἔργον ἑκάστης, οὕτω καὶ τῆς οἰκονομίας δυναίμεθ' ἂν εἰπεῖν ὅ
τι ἔργον αὐτῆς ἐστι;

Κ. Δοκεῖ γοῦν, ἔφη ὁ Κριτόβουλος, οἰκονόμου ἀγαθοῦ εἶναι
εὖ οἰκεῖν τὸν ἑαυτοῦ οἶκον.

Σ. Ἦ καὶ τὸν ἄλλου δὲ οἶκον, ἔφη ὁ Σωκράτης, εἰ ἐπι-
τρέποι τις αὐτῷ, οὐκ ἂν δύναιτο, εἰ βούλοιτο, εὖ οἰκεῖν,
ὥσπερ καὶ τὸν ἑαυτοῦ; Ὁ μὲν γὰρ τεκτονικὴν ἐπιστάμενος
ὁμοίως ἂν καὶ ἄλλῳ δύναιτο ἐργάζεσθαι ὅ τι περ καὶ ἑαυτῷ·
καὶ ὁ οἰκονομικός γ' ἂν ὡσαύτως;

Κ. Ἔμοιγε δοκεῖ, ὦ Σώκρατες.

Σ. Ἔστιν ἄρα, ἔφη ὁ Σωκράτης, τὴν τέχνην ταύτην ἐπισταμένῳ, καὶ εἰ μὴ αὐτὸς τύχοι χρήματα ἔχων, τὸν ἄλλου οἶκον
οἰκονομοῦντα ὥσπερ καὶ οἰκοδομοῦντα μισθοφορεῖν;

XÉNOPHON.

ÉCONOMIQUE.

I

J'ai entendu un jour Socrate s'entretenir ainsi sur l'économie :

SOCRATE. Dis-moi, Critobule, l'économie a-t-elle un nom de science comme la médecine, la métallurgie et l'architecture ?

CRITOBULE. Je le crois, dit Critobule.

S. Oui, mais de même que nous pouvons déterminer l'objet de chacun de ces arts, pouvons-nous dire aussi ce que l'économie a pour objet ?

C. Je crois, dit Critobule, qu'il est d'un bon économe de bien gouverner sa maison.

S. Et la maison d'un autre, dit Socrate, si on l'en chargeait, ne pourrait-il pas, en le voulant, la gouverner aussi bien que la sienne ? Celui qui sait l'architecture peut aussi bien travailler pour un autre que pour lui : en est-il de même de l'économie ?

C. Je le crois, Socrate.

S. Ainsi, reprit Socrate, celui qui, connaissant la science économique, se trouverait sans bien, pourrait comme gouverneur de maison, ainsi que le faiseur de maisons, recevoir un salaire ?

Κ. Νὴ Δία, καὶ πολύν γε μισθὸν, ἔφη ὁ Κριτόβουλος, φέροι ἂν, εἰ δύναιτο οἶκον παραλαβὼν τελεῖν τε ὅσα δεῖ καὶ περιουσίαν ποιῶν αὔξειν τὸν οἶκον.

Σ. Οἶκος δὲ δὴ τί δοκεῖ ἡμῖν εἶναι; Ἆρα ὅπερ οἰκία, ἢ καὶ, ὅσα τις ἔξω τῆς οἰκίας κέκτηται, πάντα τοῦ οἴκου ταῦτά ἐστιν;

Κ. Ἐμοὶ γοῦν, ἔφη ὁ Κριτόβουλος, δοκεῖ, καὶ εἰ μηδ᾽ ἐν τῇ αὐτῇ πόλει εἴη τῷ κεκτημένῳ, πάντα τοῦ οἴκου εἶναι ὅσα τις κέκτηται.

Σ. Οὐκοῦν καὶ ἐχθροὺς κέκτηταί τινες;

Κ. Νὴ Δία, καὶ πολλούς γε ἔνιοι.

Σ. Ἦ καὶ κτήματα αὐτῶν φήσομεν εἶναι τοὺς ἐχθρούς;

Κ. Γελοῖον μεντὰν εἴη, ἔφη ὁ Κριτόβουλος, εἰ ὁ τοὺς ἐχθροὺς αὔξων προσέτι καὶ μισθὸν τούτου φέροι.

Σ. Ὅτι τοι ἡμῖν ἐδόκει οἶκος ἀνδρὸς εἶναι ὅπερ κτῆσις.

Κ. Νὴ Δί᾽, ἔφη ὁ Κριτόβουλος, ὅ τι γέ τις ἀγαθὸν κέκτηται· οὐ μὰ Δί᾽, οὐκ, εἴ τι κακὸν, τοῦτο κτῆμα ἐγὼ καλῶ.

Σ. Σὺ δ᾽ ἔοικας τὰ ἑκάστῳ ὠφέλιμα κτήματα καλεῖν.

Κ. Πάνυ μὲν οὖν, ἔφη· τὰ δέ γε βλάπτοντα ζημίαν ἔγωγε νομίζω μᾶλλον ἢ χρήματα.

Σ. Κἂν ἄρα γέ τις ἵππον πριάμενος μὴ ἐπίστηται αὐτῷ χρῆσθαι, ἀλλὰ καταπίπτων ἀπ᾽ αὐτοῦ κακὸν λαμβάνῃ, οὐ χρήματα αὐτῷ ἐστιν ὁ ἵππος;

Κ. Οὔκ, εἴπερ τὰ χρήματά γ᾽ ἐστὶν ἀγαθόν.

Σ. Οὐδ᾽ ἄρα γε ἡ γῆ ἀνθρώπῳ ἐστὶ χρήματα, ὅστις οὕτως ἐργάζεται αὐτὴν ὥστε ζημιοῦσθαι ἐργαζόμενος;

Κ. Οὐδὲ ἡ γῆ μέντοι χρήματά ἐστιν, εἴπερ ἀντὶ τοῦ τρέφειν πεινῆν παρασκευάζει.

Σ. Οὐκοῦν καὶ τὰ πρόβατα ὡσαύτως, εἴ τις διὰ τὸ μὴ ἐπίστασθαι προβάτοις χρῆσθαι ζημιοῖτο, οὐδὲ τὰ πρόβατα χρήματα τούτῳ εἴη ἄν;

Κ. Οὔκουν ἔμοιγε δοκεῖ.

C. Oui, par Jupiter, dit Critobule, et même un salaire considérable, s'il pouvait, en administrant la maison, faire tout ce qu'il faut et en augmenter la prospérité.

S. Une maison, qu'est-ce donc, selon nous? Est-ce la même chose qu'une habitation, ou bien tout ce qu'on possède en dehors de l'habitation fait-il partie de la maison?

C. Je le crois, dit Critobule; et, quand même tous les biens que nous possédons ne seraient pas dans la même ville que nous habitons, ils n'en feraient pas moins partie de la maison.

S. Mais ne possède-t-on pas des ennemis?

C. Oui, par Jupiter, et quelques-uns beaucoup.

S. Dirons-nous que les ennemis font partie de nos possessions?

C. Il serait plaisant, dit Critobule, qu'en augmentant le nombre des ennemis, on reçût pour cela un salaire.

S. Tu disais pourtant que la maison d'un homme est la même chose que la possession.

C. Par Jupiter, dit Critobule, quand on possède quelque chose de bon; mais, par Jupiter, quand c'est quelque chose de mauvais, je n'appelle pas cela une possession.

S. Tu m'as l'air d'appeler possession ce qui est utile à chacun.

C. C'est cela même; car ce qui nuit, je l'appelle perte plutôt que valeur.

S. Et si quelqu'un achetant un cheval, sans savoir le mener, tombe et se fait mal, ce cheval ne sera donc pas une valeur?

C. Non, puisqu'une valeur est un bien.

S. La terre n'est donc pas non plus une valeur, quand celui qui la façonne perd en la façonnant?

C. Évidemment, elle n'en est pas une, quand, au lieu de nourrir, elle produit la pauvreté.

S. N'en diras-tu pas autant des brebis? Quand un homme qui ne sait pas en tirer parti éprouve une perte, les brebis sont-elles pour lui une valeur?

C. Pas du tout, selon moi.

Σ. Σὺ ἄρα, ὡς ἔοικε, τὰ μὲν ὠφελοῦντα χρήματα ἡγεῖ, τὰ δὲ βλάπτοντα οὐ χρήματα.

Κ. Οὕτω.

Σ. Ταὐτὰ ἄρα ὄντα τῷ μὲν ἐπισταμένῳ χρῆσθαι αὐτῶν ἑκάστοις χρήματά ἐστι, τῷ δὲ μὴ ἐπισταμένῳ οὐ χρήματα· ὥσπερ γε αὐλοὶ τῷ μὲν ἐπισταμένῳ ἀξίως λόγου αὐλεῖν χρήματά εἰσι, τῷ δὲ μὴ ἐπισταμένῳ οὐδὲν μᾶλλον ἢ ἄχρηστοι λίθοι, — εἰ μὴ ἀποδιδοῖτό γε αὐτούς. — Τοῦτ᾽ οὖν φαίνεται ἡμῖν, ἀποδιδομένοις μὲν οἱ αὐλοὶ χρήματα, μὴ ἀποδιδομένοι δὲ, ἀλλὰ κεκτημένοις, οὔ — τοῖς μὴ ἐπισταμένοις αὐτοῖς χρῆσθαι —.

Κ. Καὶ δι᾽ ὁμολογουμένων γε, ὦ Σώκρατες, ὁ λόγος ἡμῖν χωρεῖ, ἐπείπερ εἴρηται τὰ ὠφελοῦντα χρήματα εἶναι. Μὴ πωλούμενοι μὲν γὰρ οὐ χρήματά εἰσιν οἱ αὐλοί· οὐδὲν γὰρ χρήσιμοί εἰσι· πωλούμενοι δὲ χρήματα.

Πρὸς ταῦτα δ᾽ ὁ Σωκράτης εἶπεν·

Σ. Ἢν ἐπίστηταί γε πωλεῖν. Εἰ δὲ πωλοίη αὖ πρὸς τοῦτο ᾧ μὴ ἐπίσταιτο χρῆσθαι, οὐδὲ πωλούμενοί εἰσι χρήματα κατά γε τὸν σὸν λόγον.

Κ. Λέγειν ἔοικας, ὦ Σώκρατες, ὅτι οὐδὲ τὸ ἀργύριόν ἐστι χρήματα, εἰ μή τις ἐπίσταιτο χρῆσθαι αὐτῷ.

Σ. Καὶ σὺ δέ μοι δοκεῖς συνομολογεῖν λέγων, ἀφ᾽ ὧν τις ὠφελεῖσθαι δύναται, χρήματα εἶναι. Εἰ γοῦν τις οὕτω χρῷτο τῷ ἀργυρίῳ ὥστε, πριάμενος οἷον ἑταίραν, διὰ ταύτην κάκιον μὲν τὸ σῶμα ἔχοι, κάκιον δὲ τὴν ψυχὴν, κάκιον δὲ τὸν οἶκον, πῶς ἂν ἔτι τὸ ἀργύριον αὐτῷ ὠφέλιμον εἴη;

Κ. Οὐδαμῶς, εἰ μή πέρ γε καὶ τὸν ὑοσκύαμον[1] καλούμενον χρήματα εἶναι φήσομεν, ὑφ᾽ οὗ οἱ φαγόντες παραπλῆγες γίγνονται.

Σ. Τὸ μὲν δὴ ἀργύριον, εἰ μή τις ἐπίσταιτο αὐτῷ χρῆσθαι, οὕτω πόρρω ἀπωθείσθω, ὦ Κριτόβουλε, ὥστε μηδὲ χρήματα εἶναι. Οἱ δὲ φίλοι[2], ἢν τις ἐπίστηται αὐτοῖς χρῆσθαι ὥστε ὠφελεῖσθαι ἀπ᾽ αὐτῶν, τί φήσομεν αὐτοὺς εἶναι;

S. Ainsi, à ton avis, ce qui est utile est une valeur, et ce qui est nuisible une non-valeur.

C. C'est cela.

S. La même chose, pour qui sait en user, est donc une valeur, et une non-valeur pour qui ne le sait pas. Ainsi une flûte pour un homme qui sait bien jouer de la flûte est une valeur, tandis que, pour celui qui ne sait pas, elle ne lui sert pas plus que de vils cailloux, à moins qu'il ne la vende. Oh! alors, si nous vendons la flûte, elle devient une valeur; mais si nous ne la vendons pas et que nous la gardions, c'est une non-valeur pour qui n'en sait pas tirer parti.

C. Nous sommes conséquents, Socrate, dans notre raisonnement; puisqu'il a été dit que ce qui est utile est une valeur; par suite une flûte non vendue n'est pas une valeur, attendu qu'elle est inutile, au lieu que, vendue, c'en est une.

Alors Socrate :

S. Oui, mais il faut savoir la vendre : car, si on la vend aussi pour un objet dont on ne saura pas tirer parti, même vendue, elle ne sera pas une valeur, d'après ton raisonnement.

C. Tu m'as l'air de dire, Socrate, que l'argent même n'est pas une valeur, si l'on ne sait pas s'en servir.

S. Et toi, tu m'as l'air de convenir que tout ce qui peut être utile est une valeur. Si donc quelqu'un emploie son argent à l'achat d'une maîtresse qui dérange sa santé, son âme et sa maison, dira-t-on que l'argent lui soit utile?

C. Pas du tout; à moins que nous n'appelions valeur la jusquiame, qui rend fous ceux qui en mangent.

S. Que l'argent donc, si l'on ne sait pas s'en servir, Critobule, soit rejeté bien loin comme une chose qui n'est nullement une valeur. Mais les amis, quand on sait s'en servir à son avantage, qu'en dirons-nous?

Κ. Χρήματα, νὴ Δί', ἔφη ὁ Κριτόβουλος, καὶ πολύ γε μᾶλλον ἢ τοὺς βοῦς, ἢν ὠφελιμώτεροί γε ὦσι τῶν βοῶν.

Σ. Καὶ οἱ ἐχθροί γε ἄρα κατά γε τὸν σὸν λόγον χρήματά
εἰσι τῷ δυναμένῳ ἀπὸ τῶν ἐχθρῶν ὠφελεῖσθαι'.

Κ. Ἐμοὶ γοῦν δοκεῖ.

Σ. Οἰκονόμου ἄρα ἐστὶν ἀγαθοῦ καὶ τοῖς ἐχθροῖς ἐπίστασθαι
χρῆσθαι ὥστε ὠφελεῖσθαι ἀπὸ τῶν ἐχθρῶν.

Κ. Ἰσχυρότατά γε².

· · · · · · · · · · · · · · · · ·

Σ. Καὶ γὰρ δὴ ὁρᾷς, ἔφη, ὦ Κριτόβουλε, ὅσοι μὲν δὴ οἶκοι
ἰδιωτῶν ηὐξημένοι εἰσὶν ἀπὸ πολέμου, ὅσοι δὲ τυράννων.

Κ. Ἀλλὰ γὰρ τὰ μὲν καλῶς ἔμοιγε δοκεῖ λέγεσθαι, ὦ Σώκρατες, ἔφη ὁ Κριτόβουλος, ἐκεῖνο δ' ἡμῖν τί φαίνεται, ὁπόταν
ὁρῶμέν τινας ἐπιστήμας μὲν ἔχοντας καὶ ἀφορμὰς ἀφ' ὧν δύνανται ἐργαζόμενοι αὔξειν τοὺς οἴκους, αἰσθανώμεθα δὲ αὐτοὺς
ταῦτα μὴ θέλοντας ποιεῖν, καὶ διὰ τοῦτο ὁρῶμεν ἀνωφελεῖς οὔ-
σας αὐτοῖς τὰς ἐπιστήμας; Ἄλλο τι ἢ τούτοις αὖ οὔτε αἱ ἐπι-
στῆμαι χρήματά εἰσιν οὔτε τὰ κτήματα;

Σ. Περὶ δούλων μοι, ἔφη ὁ Σωκράτης, ἐπιχειρεῖς, ὦ Κριτόβουλε, διαλέγεσθαι;

Κ. Οὐ μὰ Δί', ἔφη, οὐχ ἔγωγε, ἀλλὰ καὶ πάνυ εὐπατριδῶν³
ἐνίων γε δοκούντων εἶναι, οὓς ἐγὼ ὁρῶ τοὺς μὲν πολεμικάς,
τοὺς δὲ καὶ εἰρηνικὰς ἐπιστήμας ἔχοντας, ταύτας δὲ οὐκ ἐθέλοντας ἐργάζεσθαι, ὡς μὲν ἐγὼ οἶμαι, δι' αὐτὸ τοῦτο ὅτι δεσπότας οὐκ ἔχουσιν.

Σ. Καὶ πῶς ἂν, ἔφη ὁ Σωκράτης, δεσπότας οὐκ ἔχοιεν, εἰ,
εὐχόμενοι εὐδαιμονεῖν καὶ ποιεῖν βουλόμενοι ἀφ' ὧν ἔχοιεν
ἀγαθά, ἔπειτα κωλύονται ποιεῖν ταῦτα ὑπὸ τῶν ἀρχόντων;

Κ. Καὶ τίνες δὴ οὗτοί εἰσιν, ἔφη ὁ Κριτόβουλος, οἱ ἀφανεῖς
ὄντες ἄρχουσιν αὐτῶν;

Σ. Ἀλλά, μὰ Δί', ἔφη ὁ Σωκράτης, οὐκ ἀφανεῖς εἰσιν, ἀλλὰ
καὶ πάνυ φανεροί. Καὶ ὅτι πονηρότατοί γέ εἰσιν, οὐδὲ σὲ λανθά-

C. Par Jupiter, que ce sont des valeurs, repartit Critobule, et ils méritent bien mieux d'être appelés ainsi que des bœufs, puisqu'ils sont plus utiles que les bœufs.

S. Les ennemis alors, d'après ton raisonnement, sont donc des valeurs pour qui sait en tirer avantage?

C. C'est mon avis.

S. Il est donc d'un bon économe de savoir user de ses ennemis de façon à en tirer avantage?

C. Assurément.

. . . .

S. Tu vois, en effet, Critobule, combien de maisons particulières se sont enrichies à la guerre, combien de maisons de tyrans.

C. Voilà qui est bien dit, Socrate à mon avis, reprit Critobule. Mais que penser, quand nous avons sous les yeux des gens qui pourraient, avec leurs talents et leurs ressources, agrandir leurs maisons en travaillant, et que nous les voyons s'obstiner à ne rien faire, et rendre par cela même leurs talents inutiles? Peut-on dire autre chose, sinon que, pour ces gens-là, les talents ne sont ni des possessions ni des valeurs?

S. C'est des esclaves, sans doute, Critobule, repartit Socrate, que tu veux me parler?

C. Non, par Jupiter, mais de gens dont quelques-uns même passent pour très-nobles, que je vois versés les uns dans les arts de la guerre, les autres dans ceux de la paix, mais s'obstinant à n'en point tirer parti, faute, selon moi, d'avoir des maîtres.

S. Et comment n'auraient-ils pas de maîtres, dit Socrate, puisque, désirant être heureux et voulant faire ce qu'il faut pour atteindre aux biens, ils se trouvent arrêtés par des maîtres absolus?

C. Mais quels sont donc, dit Critobule, ces maîtres absolus et invisibles qui les gouvernent?

S. Par Jupiter, dit Socrate, ils ne sont pas invisibles, on les peut voir au grand jour; et tu ne peux ignorer combien ils sont

νοισιν, εἴπερ πονηρίαν γε νομίζεις ἀργίαν τ' εἶναι καὶ μαλα-
κίαν ψυχῆς καὶ ἀμέλειαν. Καὶ ἄλλαι δ' εἰσὶν ἀπατηλαί τινες
δέσποιναι προσποιούμεναι ἡδοναὶ εἶναι, κυβεῖαί τε καὶ ἀνωφελεῖς ἀνθρώπων ὁμιλίαι, αἳ προϊόντος τοῦ χρόνου καὶ αὐτοῖς
τοῖς ἐξαπατηθεῖσι καταφανεῖς γίγνονται ὅτι λῦπαι ἄρα ἦσαν
ἡδοναῖς περιπεπεμμέναι, αἳ διακωλύουσιν αὐτοὺς ἀπὸ τῶν
ὠφελίμων ἔργων κρατοῦσαι.

Κ. Ἀλλὰ καὶ ἄλλοι, ἔφη, ὦ Σώκρατες, ἐργάζεσθαι μὲν οὐ
κωλύονται ὑπὸ τούτων, ἀλλὰ καὶ πάνυ σφοδρῶς πρὸς τὸ ἐργάζεσθαι ἔχουσι καὶ μηχανᾶσθαι προσόδους· ὅμως δὲ καὶ τοὺς
οἴκους κατατρίβουσι καὶ ἀμηχανίαις συνέχονται.

Σ. Δοῦλοι γάρ εἰσι καὶ οὗτοι, ἔφη ὁ Σωκράτης, καὶ πάνυ γε
χαλεπῶν δεσποτῶν, οἱ μὲν λιχνειῶν, οἱ δὲ λαγνειῶν, οἱ δὲ οἰ-
νοφλυγιῶν, οἱ δὲ φιλοτιμιῶν τινων μώρων καὶ δαπανηρῶν, ἃ
οὕτω χαλεπῶς ἄρχει τῶν ἀνθρώπων ὧν ἂν ἐπικρατήσωσιν, ὥσθ'
ἕως μὲν ἂν ὁρῶσιν ἡβῶντας αὐτοὺς καὶ δυναμένους ἐργάζεσθαι,
ἀναγκάζουσι φέρειν ἃ ἂν αὐτοὶ ἐργάσωνται καὶ τελεῖν εἰς τὰς
αὑτῶν ἐπιθυμίας, ἐπειδὰν δὲ αὐτοὺς ἀδυνάτους αἴσθωνται ὄντας
ἐργάζεσθαι διὰ τὸ γῆρας, ἀπολείπουσι τούτους κακῶς γηρά-
σκειν, ἄλλοις δ' αὖ πειρῶνται δούλοις χρῆσθαι. Ἀλλὰ δεῖ, ὦ
Κριτόβουλε, πρὸς ταῦτα οὐχ ἧττον διαμάχεσθαι περὶ τῆς ἐλευ-
θερίας ἢ πρὸς τοὺς σὺν ὅπλοις πειρωμένους καταδουλοῦσθαι.
Πολέμιοι γοῦν ἤδη, ὅταν καλοὶ κἀγαθοὶ ὄντες καταδουλώσωνταί
τινας, πολλοὺς δὴ βελτίους ἠνάγκασαν εἶναι σωφρονίσαντες,
καὶ ῥᾷον βιοτεύειν τὸν λοιπὸν χρόνον ἐποίησαν· αἱ δὲ τοιαῦται
δέσποιναι αἰκιζόμεναι τὰ σώματα τῶν ἀνθρώπων καὶ τὰς ψυχὰς
καὶ τοὺς οἴκους οὔποτε λήγουσιν, ἔστ' ἂν ἄρχωσιν αὐτῶν.

II

Ὁ οὖν Κριτόβουλος ἐκ τούτων ὧδέ πως εἶπεν·

Κ. Ἀλλὰ περὶ μὲν τῶν τοιούτων ἀρκούντως πάνυ μοι δοκῶ

pervers, si tu nommes perversité la paresse, la mollesse de l'âme
et l'insouciance. Il est encore d'autres perfides souveraines qui
trompent sous le nom de voluptés, les jeux de hasard, les sociétés
frivoles, qui, avec le temps, démasquées par leurs dupes mêmes,
laissent voir qu'elles sont des peines déguisées en plaisirs, dont la
domination nous détourne d'utiles travaux.

C. Il y a pourtant des gens, Socrate, qui, loin d'être détournés
par cette tyrannie, se montrent, au contraire, très-actifs, très-indus-
trieux à augmenter leurs revenus; et cependant ils ruinent leurs
maisons et voient échouer leur industrie.

S. C'est que ce sont encore des esclaves, dit Socrate, asservis à
de dures maîtresses : les uns à la gourmandise, les autres à la
lubricité, ceux-ci à l'ivrognerie, ceux-là à une folle ambition et à
la prodigalité, qui font peser un joug si lourd sur les hommes dont
elles sont souveraines, que, tant qu'elles les voient jeunes et
capables de travailler, elles les contraignent à leur apporter tout
le fruit de leurs labeurs et à fournir à tous leurs caprices; puis,
quand elles s'aperçoivent qu'ils sont devenus incapables de rien
faire, à cause de leur grand âge, elles les abandonnent à une vieillesse misérable et s'efforcent de trouver d'autres esclaves. Il faut
donc, Critobule, combattre avec ces ennemis pour notre in-
dépendance avec autant de cœur que contre ceux qui essaye-
raient, les armes à la main, de nous réduire en servitude. Et
encore des ennemis généreux, après avoir donné des fers, ont
souvent forcé les vaincus, par cette leçon, à devenir meilleurs,
et les ont fait vivre plus heureux à l'avenir, au lieu que ces souveraines impérieuses ne cessent de ruiner le corps, l'âme et la
maison des hommes, tant qu'elles exercent sur eux leur empire.

II

A cela Critobule répondit à peu près ainsi :

C. Je crois sur tout cela comprendre à merveille ce que je

τὰ λεγόμενα ὑπὸ σοῦ ἀκηκοέναι· αὐτὸς δ' ἐμαυτὸν ἐξετάζων
δοκῶ μοι εὑρίσκειν ἐπιεικῶς τῶν τοιούτων ἐγκρατῆ ὄντα,
ὥστ', εἴ μοι συμβουλεύοις ὅ τι ἂν ποιῶν αὔξοιμι τὸν οἶκον, οὐκ
ἄν μοι δοκῶ ὑπό γε τούτων ὧν σὺ δεσποινῶν καλεῖς κωλύε-
σθαι· ἀλλὰ θαρρῶν συμβούλευε ὅ τι ἔχεις ἀγαθόν. Ἦ κατέγνω-
κας ἡμῶν, ὦ Σώκρατες, ἱκανῶς πλουτεῖν καὶ οὐδὲν δοκοῦμέν
σοι προσδεῖσθαι χρημάτων;

Σ. Οὔκουν ἔγωγ', ἔφη ὁ Σωκράτης, εἰ καὶ περὶ ἐμοῦ
λέγεις, οὐδέν μοι δοκῶ προσδεῖσθαι χρημάτων, ἀλλ' ἱκανῶς πλουτεῖν· σὺ μέντοι, ὦ Κριτόβουλε, πάνυ μοι δοκεῖς
πένεσθαι, καὶ, ναὶ μὰ Δί', ἔστιν ὅτε καὶ πάνυ οἰκτείρω
σε ἐγώ.

Καὶ ὁ Κριτόβουλος γελάσας εἶπε·

Κ. Καὶ πόσον ἂν, πρὸς τῶν θεῶν, οἴει, ὦ Σώκρατες, ἔφη,
εὑρεῖν τὰ σὰ κτήματα πωλούμενα, πόσον δὲ τὰ ἐμά;

Σ. Ἐγὼ μὲν οἶμαι, ἔφη ὁ Σωκράτης, εἰ ἀγαθοῦ ὠνητοῦ
ἐπιτύχοιμι, εὑρεῖν ἄν μοι σὺν τῇ οἰκίᾳ καὶ τὰ ὄντα πάντα
πάνυ ῥᾳδίως πέντε μνᾶς· τὰ μέντοι σὰ ἀκριβῶς οἶδα ὅτι πλέον
ἂν εὕροι ἢ ἑκατονταπλασίονα τούτου.

Κ. Κᾆτα, οὕτως ἐγνωκώς, σὺ μὲν οὐχ ἡγεῖ προσδεῖσθαι
χρημάτων, ἐμὲ δὲ οἰκτείρεις ἐπὶ τῇ πενίᾳ;

Σ. Τὰ μὲν γὰρ ἐμά, ἔφη, ἱκανά ἐστιν ἐμοὶ παρέχειν τὰ
ἐμοὶ ἀρκοῦντα· εἰς δὲ τὸ σὸν σχῆμα ὃ σὺ περιβέβλησαι καὶ τὴν
σὴν δόξαν, οὐδ' εἰ τρὶς ὅσα νῦν κέκτησαι προσγένοιτό σοι,
οὐδ' ὡς ἂν ἱκανά μοι δοκεῖ εἶναί σοι.

Κ. Πῶς δὴ τοῦτ'; ἔφη ὁ Κριτόβουλος.

Ἀπεφήνατο ὁ Σωκράτης·

Σ. Ὅτι πρῶτον μὲν ὁρῶ σοι ἀνάγκην οὖσαν θύειν πολλά τε
καὶ μεγάλα[1], ἢ οὔτε θεοὺς οὔτε ἀνθρώπους οἶμαί σε ἂν ἀνα-
σχέσθαι· ἔπειτα ξένους προσήκει σοι πολλοὺς δέχεσθαι, καὶ
τούτους μεγαλοπρεπῶς[2]· ἔπειτα δὲ πολίτας δειπνίζειν[3] καὶ εὖ
ποιεῖν, ἢ ἔρημον συμμάχων εἶναι. Ἔτι δὲ καὶ τὴν πόλιν

viens de l'entendre dire; et, quand je m'examine moi-même, il me
semble que, pour ce qui est de cet esclavage, je suis suffisamment
maître de moi; en sorte que, si tu veux me conseiller ce que j'ai
à faire pour augmenter ma maison, je ne pense pas trouver
d'obstacles dans ce que tu appelles des maîtresses. Donne-moi
donc, en toute confiance, ce que tu as de bons conseils. Crois-tu
donc, Socrate, que nous sommes assez riches, et te semble-t-il que
nous n'avons plus besoin d'acquérir?

S. Si c'est de moi que tu parles, dit Socrate, je ne crois plus avoir
besoin d'acquérir, et je me trouve assez riche. Mais toi, Critobule.
tu m'as l'air tout à fait pauvre, et, par Jupiter, il y a des instants
où j'ai réellement pitié de toi.

Alors Critobule se mettant à rire :

C. Eh mais, au nom des dieux, quelle somme crois-tu donc,
Socrate, que l'on trouverait en vendant tous mes biens, et quelle,
en vendant les tiens ?

S. Moi, je crois, dit Socrate, que si je tombais sur un bon acquéreur, je trouverais de ma maison et de tous mes biens très-facile-
ment cinq mines ; quant à toi, je sais positivement que tu trouverais de tes biens plus de cent fois la même somme.

C. Comment? tu sais cela, et tu crois n'avoir besoin de rien
acquérir, et tu as pitié de ma pauvreté?

S. Oui, car ce que j'ai suffit à me procurer le nécessaire, tandis
que toi, vu le train qui t'environne, et pour soutenir ta réputation,
eusses-tu le triple de ce que tu possèdes à présent, il me semble
que tu n'aurais point assez.

C. Pourquoi cela? dit Critobule.

S. Parce que d'abord, dit Socrate en s'expliquant, je te vois
obligé à de grands et nombreux sacrifices; autrement ni les dieux
ni les hommes ne te seraient favorables. Ensuite ton rang t'impose la nécessité de recevoir beaucoup d'hôtes, et de les traiter magnifiquement : tu dois donner à dîner à tes concitoyens
et leur rendre de bons offices, sous peine d'être sans partisans.

αἰσθάνομαι τὰ μὲν ἤδη σοι προστάττουσαν ἱπποτροφίας¹ τε καὶ χορηγίας² καὶ γυμνασιαρχίας³ καὶ προστατείας⁴· ἢν δὲ δὴ πόλεμος γένηται, οἶδ' ὅτι καὶ τριηραρχίας⁵ καὶ εἰσφορὰς⁶ τοσαύτας σοι προστάξουσιν ὅσας σὺ οὐ ῥαδίως ὑποίσεις. Ὅπου δ' ἂν ἐνδεῶς δόξῃς τι τούτων ποιεῖν, οἶδ' ὅτι σε τιμωρήσονται Ἀθηναῖοι οὐδὲν ἧττον ἢ εἰ τὰ αὑτῶν λάβοιεν κλέπτοντα. Πρὸς δὲ τούτοις ὁρῶ σε οἰόμενον πλουτεῖν, καὶ ἀμελῶς μὲν ἔχοντα πρὸς τὸ μηχανᾶσθαι χρήματα, παιδικοῖς δὲ πράγμασι προσέχοντα τὸν νοῦν, ὥσπερ ἐξόν σοι. Ὧν ἕνεκα οἰκτείρω σε μή τι ἀνήκεστον κακὸν πάθῃς καὶ εἰς πολλὴν ἀπορίαν καταστῇς. Καὶ ἐμοὶ μὲν, εἴ τι καὶ προσδεηθείην, οἶδ' ὅτι καὶ σὺ γιγνώσκεις ὡς εἰσὶν οἳ καὶ ἐπαρκέσειαν ἂν ὥστε πάνυ μικρὰ πορίσαντες κατακλύσειαν ἂν ἀφθονίᾳ τὴν ἐμὴν δίαιταν· οἱ δὲ σοὶ φίλοι πολὺ ἀρκοῦντα σοῦ μᾶλλον ἔχοντες τῇ ἑαυτῶν κατασκευῇ ἢ σὺ τῇ σῇ ὅμως ὡς παρὰ σοῦ ὠφελησόμενοι ἀποβλέπουσι.

Καὶ ὁ Κριτόβουλος εἶπεν·

Κ. Ἐγὼ τούτοις, ὦ Σώκρατες, οὐκ ἔχω ἀντιλέγειν· ἀλλ' ὥρα σοι προστατεύειν ἐμοῦ, ὅπως μὴ τῷ ὄντι οἰκτρὸς γένωμαι.

Ἀκούσας οὖν ὁ Σωκράτης εἶπε·

Σ. Καὶ οὐ θαυμαστὸν δοκεῖς, ὦ Κριτόβουλε, τοῦτο σαυτῷ ποιεῖν ὅτι ὀλίγον μὲν πρόσθεν, ὅτε ἐγὼ ἔφην πλουτεῖν, ἐγέλασας ἐπ' ἐμοὶ ὡς οὐδὲ εἰδότι ὅ τι εἴη πλοῦτος, καὶ πρότερον οὐκ ἐπαύσω πρὶν ἐξήλεγξάς με καὶ ὁμολογεῖν ἐποίησας μηδὲ ἑκατοστὸν μέρος τῶν σῶν κεκτῆσθαι, νῦν δὲ κελεύεις προστατεύειν μέ σου καὶ ἐπιμελεῖσθαι ὅπως ἂν μὴ παντάπασιν ἀληθῶς πένης γένοιο;

Κ. Ὁρῶ γάρ σε, ἔφη, ὦ Σώκρατες, ἕν τι πλουτηρὸν ἔργον ἐπιστάμενον, περιουσίαν ποιεῖν. Τὸν οὖν ἀπ' ὀλίγων περιποιοῦντα ἐλπίζω ἀπὸ πολλῶν γ' ἂν πάνυ ῥαδίως πολλὴν περιουσίαν ποιῆσαι.

Σ. Οὔκουν μέμνησαι ἀρτίως ἐν τῷ λόγῳ, ὅτε οὐδ' ἀναγρύζειν

Ce n'est pas tout : je sais qu'à présent même la ville t'impose de grandes contributions, entretien de chevaux, chorégies, fonctions de gymnasiarque et de prostate ; en cas de guerre, on te nommera triérarque, et l'on te chargera d'impôts et de contributions si fortes, qu'il ne te sera pas aisé d'y faire honneur ; et si tu ne fournis pas à tout noblement, je sais que les Athéniens te puniront avec la même rigueur que s'ils te prenaient à voler leurs biens. En outre, je vois que, te croyant riche, tu négliges les moyens de faire fortune, et que tu t'occupes d'enfantillages, comme si cela t'était permis. Voilà pourquoi j'ai pitié de toi ; je crains qu'il ne t'arrive quelque malheur irréparable et que tu ne tombes dans une extrême indigence. Quant à moi, s'il me manquait quelque chose, je sais, et tu ne l'ignores pas toi-même, qu'il y a telles personnes qui, même en me donnant peu, verseraient l'abondance dans mon humble maison ; tes amis, au contraire, qui ont plus de ressources pour soutenir leur état que tu n'en as pour le tien ne songent qu'à tirer parti de toi.

Alors Critobule :

C. A cela, Socrate, dit-il, je n'ai rien à répliquer ; mais il est temps que tu arrives à mon aide, afin que je ne devienne pas réellement un objet de pitié.

En entendant ces mots, Socrate repartit :

S. Est-ce que tu ne trouves pas étrange, Critobule, ton procédé envers toi-même ? Il n'y a qu'un instant, quand je te disais que j'étais riche, tu t'es mis à rire comme si je ne savais pas ce qu'il en est ; tu as tenu bon jusqu'à ce que tu m'eusses convaincu et fait avouer que ma fortune n'est pas la centième partie de la tienne ; et maintenant tu veux que je te protége et que mes soins t'empêchent de tomber dans une véritable et complète pauvreté.

C. C'est que je te vois, Socrate, en possession d'un moyen sûr de faire fortune. Or quiconque sait gagner avec peu est à plus forte raison capable, avec beaucoup, de faire une grande fortune.

S. Tu as donc oublié que tout à l'heure, dans la conver-

μοι ἐξουσίαν ἐποίησας, λέγων ὅτι τῷ μὴ ἐπισταμένῳ ἵπποις χρῆσθαι οὐκ εἴη χρήματα οἱ ἵπποι, οὐδὲ ἡ γῆ, οὐδὲ τὰ πρόβατα, οὐδὲ ἀργύριον, οὐδὲ ἄλλο οὐδὲ ἕν, ὅτῳ τις μὴ ἐπίσταιτο χρῆσθαι; Εἰσὶ μὲν οὖν αἱ πρόσοδοι ἀπὸ τῶν τοιούτων· ἐμὲ δὲ πῶς τινι τούτων οἴει ἂν ἐπιστηθῆναι χρῆσθαι, ᾧ τὴν ἀρχὴν οὐδὲν πώποτ' ἐγένετο τούτων;

Κ. Ἀλλ' ἐδόκει ἡμῖν, καὶ εἰ μὴ χρήματά τις τύχοι ἔχων, ὅμως εἶναί τις ἐπιστήμη οἰκονομίας. Τί οὖν κωλύει καὶ σὲ ἐπίστασθαι;

Σ. Ὅπερ, νὴ Δία, καὶ αὐλεῖν ἂν κωλύσειεν ἄνθρωπον ἐπίστασθαι, εἰ μήτε αὐτὸς πώποτε κτήσαιτο αὐλούς, μήτε ἄλλος αὐτῷ παράσχοι ἐν τοῖς αὐτοῦ μανθάνειν· οὕτω δὴ καὶ ἐμοὶ ἔχει περὶ τῆς οἰκονομίας. Οὔτε γὰρ αὐτὸς ὄργανα χρήματα ἐκεκτήμην ὥστε μανθάνειν, οὔτε ἄλλος πώποτέ μοι παρέσχε τὰ ἑαυτοῦ διοικεῖν ἀλλ' ἢ σὺ νυνὶ ἐθέλεις παρέχειν. Οἱ δὲ δήπου τὸ πρῶτον μανθάνοντες κιθαρίζειν καὶ τὰς λύρας [1] λυμαίνονται· καὶ ἐγὼ δὴ εἰ ἐπιχειρήσαιμι ἐν τῷ σῷ οἴκῳ μανθάνειν οἰκονομεῖν, ἴσως ἂν καταλυμηναίμην ἄν σου τὸν οἶκιν.

Πρὸς ταῦτα ὁ Κριτόβουλος εἶπε·

Κ. Προθύμως γε, ὦ Σώκρατες, ἀποφεύγειν μοι [2] πειρᾷ μηδὲν με συνωφελῆσαι εἰς τὸ ῥᾷον ὑποφέρειν τὰ ἐμοὶ ἀναγκαῖα πράγματα.

Σ. Οὐ μὰ Δί', ἔφη ὁ Σωκράτης, οὐκ ἔγωγε, ἀλλ' ὅσα ἔχω καὶ πάνυ προθύμως ἐξηγήσομαί σοι. Οἶμαι δ' ἂν [3] καὶ εἰ, ἐπὶ πῦρ ἐλθόντος σου καὶ μὴ ὄντος παρ' ἐμοί, ἄλλοσε ἡγησάμην ὁπόθεν σοι εἴη λαβεῖν, οὐκ ἂν ἐμέμφου μοι, καὶ εἰ, ὕδωρ παρ' ἐμοῦ αἰτοῦντί σοι αὐτὸς μὴ ἔχων, ἄλλοσε καὶ ἐπὶ τοῦτο ἤγαγον, οἶδ' ὅτι οὐδ' ἂν τοῦτό μοι ἐμέμφου, καὶ εἰ, βουλομένου μουσικὴν μαθεῖν σου παρ' ἐμοῦ, δείξαιμί σοι πολὺ δεινοτέρους ἐμοῦ περὶ μουσικὴν καί σοι χάριν ἂν εἰδότας, εἰ ἐθέλοις παρ' αὐτῶν μανθάνειν, τί ἂν ἔτι μοι ταῦτα ποιοῦντι μέμφοιο;

Κ. Οὐδὲν ἂν δικαίως γε, ὦ Σώκρατες.

sation, tu disais, sans me laisser la permission d'ouvrir la bouche, que, quand on n'en sait point tirer parti, les chevaux ne sont pas une valeur, pas plus que la terre, les brebis, l'argent ou toute autre chose, pour qui ne sait pas s'en servir. On peut bien de tout cela tirer des revenus; mais, moi, comment veux-tu que je sache les faire valoir, quand de ma vie je n'ai eu rien de tel en propre?

C. Cependant nous sommes convenus que, quand même on ne posséderait rien, il y aurait toujours une science économique. Qui t'empêche donc de l'avoir?

S. Ce qui, par Jupiter! peut empêcher un homme de savoir jouer de la flûte, quand il n'a jamais eu de flûte à lui et que personne ne lui en a prêté pour apprendre: voilà où j'en suis pour ce qui est de l'économie. L'instrument nécessaire pour apprendre, c'est-à-dire les biens, je n'en ai jamais eu, et jamais personne ne m'a prêté les siens à administrer, toi seul as maintenant cette idée. Or ceux qui apprennent pour la première fois à jouer de la cithare gâteraient même les lyres; de même moi, si j'essayais sur ta maison l'étude de l'économie, je serais peut-être capable de la ruiner.

A cela Critobule répondit:

C. Tu as grande envie de m'échapper, Socrate, et tu ne veux pas me venir en aide pour m'alléger la charge des affaires que je suis contraint de porter.

S. Mais non, par Jupiter! dit Socrate, je n'y songe point; au contraire, tout ce que je sais, je m'empresserai de te l'apprendre. Je crois que, si tu venais me demander du feu, et que, n'en ayant pas, je te conduisisse où tu en pourrais prendre, tu ne te plaindrais pas de moi. De même pour de l'eau: si tu m'en demandais et que, n'en ayant pas, je te conduisisse où tu pourrais aussi t'en procurer, je suis sûr que tu ne m'en voudrais pas davantage. Enfin si, me priant de t'enseigner la musique, je t'adressais à des maîtres plus habiles que moi et qui, de plus, te sauraient gré de prendre leurs leçons, sur cela, quel reproche aurais-tu à me faire?

C. Aucun du moins qui fût fondé, Socrate.

Σ. Ἐγὼ τοίνυν σοι δείξω, ὦ Κριτόβουλε, ὅσα νῦν λιπαρεῖς
παρ' ἐμοῦ μανθάνειν, πολὺ ἄλλους ἐμοῦ δεινοτέρους περὶ
ταῦτα. Ὁμολογῶ δὲ μεμεληκέναι μοι οἵτινες ἕκαστα ἐπιστη-
μονέστατοί εἰσι τῶν ἐν τῇ πόλει. Καταμαθὼν γάρ ποτε ἀπὸ
τῶν αὐτῶν ἔργων τοὺς μὲν πάνυ ἀπόρους ὄντας, τοὺς δὲ πάνυ
πλουσίους, ἀπεθαύμασά, καὶ ἔδοξέ μοι ἄξιον εἶναι ἐπισκέψεως
ὅ τι εἴη τοῦτο. Καὶ ηὗρον ἐπισκοπῶν πάνυ οἰκείως ταῦτα γι-
γνόμενα. Τοὺς μὲν γὰρ εἰκῇ ταῦτα πράττοντας ζημιουμένους
ἑώρων, τοὺς δὲ γνώμῃ συντεταμένῃ ἐπιμελουμένους καὶ θᾶττον καὶ ῥᾷον καὶ κερδαλεώτερον κατέγνων πράττοντας· παρ'
ὧν ἂν καὶ σὲ οἶμαι, εἰ βούλοιο, μαθόντα, εἴ σοι ὁ θεὸς μὴ
ἐναντιοῖτο, πάνυ ἂν δεινὸν χρηματιστὴν γενέσθαι.

III

Ἀκούσας ταῦτα ὁ Κριτόβουλος εἶπε·

Κ. Νῦν τοι, ἔφη, ἐγώ σε οὐκέτι ἀφήσω, ὦ Σώκρατες,
πρὶν ἄν μοι ἃ ὑπέσχησαι ἐναντίον τῶν φίλων τουτωνὶ[1] ἀποδείξῃς.

Σ. Τί οὖν, ἔφη ὁ Σωκράτης, ὦ Κριτόβουλε, ἢν σοι ἐπιδεικνύω
πρῶτον μὲν οἰκίας τοὺς μὲν ἀπὸ πολλοῦ ἀργυρίου ἀχρήστους
οἰκοδομοῦντας, τοὺς δὲ ἀπὸ πολὺ ἐλάττονος πάντα ἐχούσας
ὅσα δεῖ, ἢ δόξω ἕν τί σοι τοῦτο τῶν οἰκονομικῶν ἔργων ἐπιδεικνύναι ;

Κ. Καὶ πάνυ γ', ἔφη ὁ Κριτόβουλος.

Σ. Τί δ' ἢν τὸ τούτου ἀκόλουθον μετὰ τοῦτό σοι ἐπιδεικνύω,
τοὺς μὲν πάνυ πολλὰ καὶ παντοῖα κεκτημένους ἔπιπλα, καὶ
τούτοις, ὅταν δέωνται, μὴ ἔχοντας χρῆσθαι μηδὲ εἰδότας εἰ
σᾶ ἐστιν αὐτοῖς, καὶ διὰ ταῦτα πολλὰ μὲν αὐτοὺς ἀνιωμένους,
πολλὰ δὲ ἀνιῶντας τοὺς οἰκέτας· τοὺς δὲ οὐδὲν πλείω, ἀλλὰ καὶ
μείονα τούτων κεκτημένους, ἔχοντας εὐθὺς ἕτοιμα, ὧν ἂν
δέωνται, χρῆσθαι ;

Κ. Ἄλλο τι οὖν τούτων ἐστίν, ὦ Σώκρατες, αἴτιον ἢ ὅτι

8. Eh bien, Critobule, je vais t'indiquer des gens plus habiles que moi dans la science dont tu me pries en ce moment de te donner des leçons. J'avoue que j'ai soigneusement cherché quels sont, dans tous les genres, les meilleurs maîtres de notre ville; car, ayant un jour remarqué que la même profession laisse les uns tout à fait pauvres et rend les autres tout à fait riches, cette singularité me parut mériter d'être approfondie; et l'examen me fit trouver qu'il n'y avait rien là que de naturel. Je vis que ceux qui exercent au hasard ces professions ne manquent pas d'y perdre, tandis que ceux qui raisonnent et combinent avec soin arrivent à un gain plus prompt et plus facile. Je crois qu'à pareille école, si tu le veux, et si la divinité n'y met point obstacle, tu pourras devenir un excellent faiseur d'affaires.

III

En entendant ces mots, Critobule reprit :

C. A présent, certes, je ne te laisserai point aller, Socrate, que tu ne m'aies donné les leçons promises en présence des amis que voici.

S. Eh bien, Critobule, dit Socrate, si d'abord je te montre des gens qui construisent avec beaucoup d'argent des maisons incommodes, tandis que d'autres, avec beaucoup moins, se bâtissent des demeures où ils trouvent tout ce qu'il faut, est-ce que cela seul ne te paraîtra pas une leçon d'économie?

C. Tout à fait, dit Critobule.

S. Et maintenant, si je te fais voir, ce qui en est une suite, des gens qui possèdent une infinité d'ustensiles de toute espèce sans pouvoir s'en servir au besoin, sans savoir s'ils sont en bon état, et qui, à cause de cela, se tourmentent sans cesse et sans cesse tourmentent leurs serviteurs; si je t'en fais remarquer d'autres, qui, n'ayant pas plus et même ayant moins d'ustensiles que les premiers, les ont toujours tous sous la main lorsqu'ils veulent s'en servir?

C. La raison, Socrate, n'en est-elle pas que chez les uns tout

τοῖς μὲν ὅποι ἔτυχεν ἕκαστον καταβέβληται, τοῖς δὲ ἐν χώρᾳ ἕκαστα τεταγμένη κεῖται;

Σ. Ναὶ μὰ Δί', ἔφη ὁ Σωκράτης· καὶ οὐδ' ἐν χώρᾳ γ' ἐν ᾗ ἔτυχεν, ἀλλ' ἔνθα προσήκει, ἕκαστα διατέτακται.

Κ. Λέγειν τί μοι δοκεῖς, ἔφη, καὶ τοῦτο, ὁ Κριτόβουλος, τῶν οἰκονομικῶν.

Σ. Τί οὖν, ἦν σοι, ἔφη, καὶ οἰκέτας αὖ ἐπιδεικνύω, ἔνθα μὲν πάντας ὡς εἰπεῖν δεδεμένους, καὶ τούτους θαμινὰ ἀποδιδρά-σκοντας, ἔνθα δὲ λελυμένους, καὶ ἐθέλοντάς τε ἐργάζεσθαι καὶ παραμένειν, οὐ καὶ τοῦτό σοι δόξω ἀξιοθέατον τῆς οἰκονομίας ἔργον ἐπιδεικνύναι;

Κ. Ναὶ μὰ Δί', ἔφη ὁ Κριτόβουλος, καὶ σφόδρα γε.

Σ. Ἢν δὲ καὶ παραπλησίους γεωργίας γεωργοῦντας, τοὺς μὲν ἀπολωλέναι φάσκοντας ὑπὸ γεωργίας καὶ ἀποροῦντας, τοὺς δὲ ἀφθόνως καὶ καλῶς πάντα ἔχοντας ὅσων δέονται ἀπὸ τῆς γεωργίας;

Κ. Ναὶ μὰ Δί', ἔφη ὁ Κριτόβουλος. Ἴσως γὰρ ἀναλίσκου-σιν οὐκ εἰς ἃ δεῖ μόνον, ἀλλὰ καὶ εἰς ἃ βλάβην φέρει αὐτῷ καὶ τῷ οἴκῳ.

Σ. Εἰσὶ μέν τινες ἴσως, ἔφη ὁ Σωκράτης, καὶ τοιοῦτοι. Ἀλλ' ἐγὼ οὐ τούτους λέγω, ἀλλ' οἳ οὐδ' εἰς τἀναγκαῖα ἔχουσι δαπανᾶν, γεωργεῖν φάσκοντες.

Κ. Καὶ τί ἂν εἴη τούτου αἴτιον, ὦ Σώκρατες;

Σ. Ἐγώ σε ἄξω καὶ ἐπὶ τούτους, ἔφη ὁ Σωκράτης· σὺ δὲ θεώμενος δήπου καταμαθήσει.

Κ. Νὴ Δί', ἔφη, ἢν δύνωμαί γε.

Σ. Οὐκοῦν χρὴ θεώμενον σαυτοῦ ἀποπειρᾶσθαι εἰ γνώσει. Νῦν δ' ἐγώ σ' οἶδα ἐπὶ μὲν κωμῳδῶν θέαν καὶ πάνυ πρωὶ ἀνιστάμενον καὶ πάνυ μακρὰν ὁδὸν [1] βαδίζοντα καὶ ἐμὲ ἀνα-πείθοντα προθύμως συνθεάσθαι· ἐπὶ δὲ τοιοῦτον οὐδέν με πώποτε ἔργον παρεκάλεσας.

Κ. Οὐκοῦν γελοῖός σοι φαίνομαι εἶναι, ὦ Σώκρατες.

est jeté pêle-mêle, tandis que chez les autres chaque chose est à sa place?

S. Oui, par Jupiter! et encore ce n'est pas à la première place venue, mais à la place qui lui convient, que chaque chose est affectée.

C. Ce que tu dis, reprit Critobule, m'a tout l'air d'être aussi de la science économique.

S. Et si je te montre ici des serviteurs presque tous enchaînés et qui bien souvent s'échappent; là, des serviteurs qui, libres de toutes chaînes, consentent à travailler et à demeurer, ne te paraîtrai-je pas t'avoir exposé un fait très-curieux d'économie?

C. Oui, par Jupiter! très-curieux.

S. Si je te cite des cultivateurs qui cultivent de la même manière, et dont cependant les uns se disent ruinés par la culture et privés de ressources, tandis que les autres doivent à la culture la prospérité et l'abondance de tout ce dont ils ont besoin?

C. Ma foi, dit Critobule, je croirais peut-être qu'outre les dépenses indispensables, les premiers en font encore de ruineuses pour eux et leur maison.

S. Il est possible, dit Socrate, qu'il y ait des gens de cette sorte. Mais je ne parle pas de ceux-là; je ne parle que de ceux qui, se disant cultivateurs, ne peuvent faire face aux dépenses nécessaires.

C. Et quelle pourrait être, Socrate, la cause de cette détresse?

S. Je te conduirai chez eux, dit Socrate; tu verras toi-même et tu jugeras.

C. Oui, ma foi, si je puis.

S. Il faut voir par expérience si tu pourras juger. Je sais que maintenant, quand il s'agit d'aller à la comédie, tu te lèves de bon matin, tu fais une longue route, et tu me proposes instamment de t'accompagner au spectacle. Mais pour une affaire du genre de celle qui nous occupe, tu ne m'as jamais fait de proposition

C. Je te parais donc bien ridicule, Socrate?

Σ. Σαυτῷ δὲ πολύ, νὴ Δί', ἔφη, γελοιότερος. Ἦν δὲ καὶ ὑφ' ἱππικῆς[1] σοι ἐπιδεικνύω τοὺς μὲν εἰς ἀπορίαν τῶν ἐπιτηδείων ἐληλυθότας, τοὺς δὲ καὶ πάνυ εὐπόρους ὄντας· καὶ ἅμα ἀγαλλομένους ἐπὶ τῷ κέρδει;

Κ. Οὐκοῦν τούτους μὲν καὶ ἐγὼ ὁρῶ καὶ οἶδα ἑκατέρους, καὶ οὐδέν τι μᾶλλον τῶν κερδαινόντων γίγνομαι.

Σ. Θεᾷ γὰρ αὐτοὺς ἥπερ τοὺς τραγῳδούς τε καὶ κωμῳδούς, οὐχ ὅπως ποιητής, οἶμαι, γένῃ, ἀλλ' ὅπως ἡσθῇς ἰδών τι ἢ ἀκούσας· καὶ ταῦτα μὲν ἴσως οὕτως ὀρθῶς ἔχει, οὐ γὰρ ποιητὴς βούλει γενέσθαι· ἱππικῇ δ' ἀναγκαζόμενος χρῆσθαι, οὐ μῶρος οἴει εἶναι, εἰ μὴ σκοπεῖς ὅπως μὴ ἰδιώτης ἔσει τούτου τοῦ ἔργου, ἄλλως τε καὶ τῶν αὐτῶν ἵππων ἀγαθῶν τε εἰς τὴν χρῆσιν καὶ κερδαλέων εἰς πώλησιν ὄντων;

Κ. Πωλοδαμνεῖν με κελεύεις, ὦ Σώκρατες;

Σ. Οὐ μὰ Δί', οὐδέν τι μᾶλλον ἢ καὶ γεωργοὺς ἐκ παιδίων ὠνούμενον κατασκευάζειν, ἀλλ' εἶναί τινές μοι δοκοῦσιν ἡλικίαι καὶ ἵππων καὶ ἀνθρώπων, αἳ εὐθύς τε χρήσιμοί εἰσι, καὶ ἐπὶ τὸ βέλτιον ἐπιδιδόασιν.—Ἔχω δ' ἐπιδεῖξαι καὶ γυναιξὶ ταῖς γαμεταῖς τοὺς μὲν οὕτω χρωμένους ὥστε συνεργοὺς ἔχειν αὐτὰς εἰς τὸ συναύξειν τοὺς οἴκους, τοὺς δὲ ᾗ πλεῖστα λυμαίνονται.

Κ. Καὶ τούτου πότερον χρή, ὦ Σώκρατες, τὸν ἄνδρα αἰτιᾶσθαι ἢ τὴν γυναῖκα;

Σ. Πρόβατον μὲν, ἔφη ὁ Σωκράτης, ὡς ἐπὶ τὸ πολύ, ἢν κακῶς ἔχῃ, τὸν νομέα αἰτιώμεθα, καὶ ἵππος, ὡς ἐπὶ τὸ πολύ, ἢν κακουργῇ, τὸν ἱππέα κακίζομεν· τῆς δὲ γυναικός, εἰ μὲν διδασκομένη ὑπὸ τοῦ ἀνδρὸς τἀγαθὰ κακοποιεῖ, ἴσως δικαίως ἂν ἡ γυνὴ τὴν αἰτίαν ἔχοι· εἰ δὲ μὴ διδάσκων τὰ καλὰ κἀγαθὰ ἀνεπιστήμονι τούτων χρῷτο, ἆρ' οὐ δικαίως ἂν ὁ ἀνὴρ τὴν αἰτίαν ἔχοι; Πάντως δεῖ, ἔφη, ὦ Κριτόβουλε, — φίλοι γὰρ ἐσμεν οἱ παρόντες, — ἀπαληθεῦσαι πρὸς ἡμᾶς. Ἔστιν ὅτῳ ἄλλῳ τῶν σπουδαίων πλείω ἐπιτρέπεις ἢ τῇ γυναικί;

Κ. Οὐδενί, ἔφη.

S. Par Jupiter ! c'est bien plus à toi-même que tu le parais. Et si je te fais voir des gens que l'élève des chevaux a fait tomber dans la privation du nécessaire, tandis que l'élève des chevaux en a conduit d'autres à l'aisance et au plaisir que procure le gain?

C. Oui, j'en vois tous les jours et j'en connais de l'une et l'autre espèce, et je n'en suis pas plus du nombre de ceux qui gagnent.

S. C'est que tu les regardes comme tu regardes les tragiques et les comiques; tu ne songes pas alors, je crois, à devenir poète, mais tu cherches le plaisir de voir et d'entendre, et sur ce point tu n'as pas tort, car tu ne veux pas être poète. Mais, forcé d'élever des chevaux, ne crois-tu pas que tu es fou de ne point chercher à t'instruire dans cette industrie, surtout lorsque cette instruction doit t'être avantageuse pour ton propre usage et pour le commerce?

C. Tu veux, Socrate, que je me fasse dresseur de poulains?

S. Non, par Jupiter! pas plus que je ne veux que tu formes des cultivateurs en les achetant tout petits. Mais je crois qu'il y a, pour les chevaux et pour les hommes, un certain âge où l'on peut déjà s'en servir et où chaque jour les rend meilleurs. Je puis aussi te citer des maris qui en usent avec leurs femmes de manière à s'en faire d'utiles auxiliaires pour la prospérité de leur maison, tandis que pour d'autres elles sont une cause essentielle de ruine.

C. Et qui faut-il en accuser, Socrate, de l'homme ou de la femme?

S. Quand un troupeau est presque toujours en mauvais état, reprit Socrate, nous en accusons le berger; lorsqu'un cheval est très-méchant, c'est au cavalier qu'on s'en prend. A l'égard d'une femme, si, malgré la bonne direction de son mari, elle se conduit mal, peut-être a-t-on raison de n'en accuser qu'elle; mais, si le mari la laisse ignorer le bien et le beau et qu'il l'emploie malgré son ignorance, n'est-il pas juste de rendre le mari responsable? Allons, Critobule, nous sommes ici tous amis; parle-nous bien franchement: est-il quelqu'un qui entre plus intimement dans tes affaires que ta femme?

C. Personne.

Σ. Ἔστι δὲ ὅτῳ ἐλάττονα διαλέγει ἢ τῇ γυναικί;

Κ. Εἰ δὲ μὴ, οὐ πολλοῖς γε, ἔφη.

Σ. Ἔγημας δὲ αὐτὴν παῖδα νέαν μάλιστα καὶ ὡς ἠδύνατο ἐλάχιστα ἑωρακυῖαν καὶ ἀκηκουῖαν;

Κ. Μάλιστα.

Σ. Οὐκοῦν πολὺ θαυμαστότερον εἴ τι ὧν δεῖ λέγειν ἢ πράττειν ἐπίσταιτο ἢ εἰ ἐξαμαρτάνοι.

Κ. Οἷς δὲ σὺ λέγεις ἀγαθὰς εἶναι γυναῖκας, ὦ Σώκρατες, ἢ αὐτοὶ ταύτας ἐπαίδευσαν;

Σ. Οὐδὲν οἷον τὸ ἐπισκοπεῖσθαι. Συστήσω δέ σοι ἐγὼ καὶ Ἀσπασίαν[1], ἢ ἐπιστημονέστερον ἐμοῦ σοι ταῦτα πάντα ἐπιδείξει. Νομίζω δὲ γυναῖκα κοινωνὸν ἀγαθὴν οἴκου οὖσαν πάνυ ἀντίρροπον εἶναι τῷ ἀνδρὶ ἐπὶ τὸ ἀγαθόν. Ἔρχεται μὲν γὰρ εἰς τὴν οἰκίαν διὰ τῶν τοῦ ἀνδρὸς πράξεων τὰ κτήματα ὡς ἐπὶ τὸ πολύ, δαπανᾶται δὲ διὰ τῶν τῆς γυναικὸς ταμιευμάτων τὰ πλεῖστα· καὶ εὖ μὲν τούτων γιγνομένων αὔξονται οἱ οἶκοι, κακῶς δὲ, μειοῦνται. Οἶμαι δέ σοι καὶ τῶν ἄλλων ἐπιστημῶν τοὺς ἀξίως λόγου ἑκάστην ἐργαζομένους ἔχειν ἂν ἐπιδεῖξαί σοι, εἴ τι προσδεῖσθαι νομίζεις.

IV

Κ. Ἀλλὰ πάσας μὲν τί σε δεῖ ἐπιδεικνύναι, ὦ Σώκρατες; ἔφη ὁ Κριτόβουλος. Οὔτε γὰρ κτήσασθαι πασῶν τῶν τεχνῶν ἐργάτας ῥᾴδιον οἵους δεῖ, οὔτε ἔμπειρον γενέσθαι αὐτὸν πασῶν οἷόν τε, ἀλλ' αἳ δοκοῦσι κάλλισται τῶν ἐπιστημῶν καὶ ἐμοὶ πρέποι ἂν μάλιστα ἐπιμελομένῳ, ταύτας μοι καὶ αὐτὰς ἐπιδείκνυε καὶ τοὺς πράττοντας αὐτάς, καὶ αὐτὸς δὲ ὅ τι δύνασαι συνωφέλει εἰς ταῦτα διδάσκων.

Σ. Ἀλλὰ καλῶς, ἔφη, λέγεις, ὦ Κριτόβουλε. Καὶ γὰρ αἵ γε βαναυσικαὶ καλούμεναι καὶ ἐπίρρητοί εἰσι, καὶ

S. Cependant y a-t-il des gens avec qui tu converses moins qu'avec elle ?

C. S'il y en a, il n'y en a guère.

S. Quand tu l'as épousée, n'était-ce pas une véritable enfant, qui n'avait, en quelque sorte, rien vu, rien entendu ?

C. C'est cela.

S. Ce serait donc une chose beaucoup plus étonnante si elle savait rien de ce qu'il faut dire ou faire, que si elle se conduisait mal.

C. Mais ces maris que tu dis avoir de bonnes femmes, est-ce qu'ils les ont élevées eux-mêmes ?

S. Rien de mieux que d'examiner ce point ; aussi, je te présenterai à Aspasie qui t'instruira de tout cela plus pertinemment que moi. Pour moi, je pense qu'une bonne maîtresse de maison est tout à fait de moitié avec le mari pour le bien commun. C'est le mari le plus souvent qui, par son activité, fait entrer ie bien dans le ménage, et c'est la femme qui, presque toujours, est chargée de l'employer aux dépenses ; si l'emploi est bien fait, la maison prospère ; l'est-il mal, elle tombe en décadence. Il en est de même de tous les autres arts ; je crois pouvoir t'y montrer des artistes de mérite, si tu le crois utile

IV

C. Dans tous ? A quoi bon, Socrate, me les faire voir ? dit Critobule. Il n'est ni facile d'en trouver qui excellent dans tous les arts, ni possible d'y être habile soi-même. Mais, sans sortir de ce qu'on appelle les beaux-arts, de ceux dont la culture peut m'honorer, fais-les-moi connaître, ainsi que ceux qui s'y exercent ; et toi-même, autant que possible, viens-moi en aide de tes lumières.

S. C'est bien parlé, Critobule ; car les arts appelés mécaniques sont décriés, et c'est avec raison que les gouvernements

εἰκότως μέντοι πάνυ ἀδοξοῦνται πρὸς τῶν πόλεων. Κατα-
λυμαίνονται γὰρ τὰ σώματα τῶν τε ἐργαζομένων καὶ τῶν
ἐπιμελομένων, ἀναγκάζουσαι καθῆσθαι καὶ σκιατραφεῖσθαι·
ἔνιαι δὲ καὶ πρὸς πῦρ ἡμερεύειν· τῶν δὲ σωμάτων θηλυνο-
μένων καὶ αἱ ψυχαὶ πολὺ ἀρρωστότεραι γίγνονται· καὶ ἀσχο-
λίας δὲ μάλιστα ἔχουσι καὶ φίλων καὶ πόλεως συνεπιμελεῖ-
σθαι· ὥστε οἱ τοιοῦτοι δοκοῦσι κακοὶ καὶ φίλοις χρῆσθαι καὶ
ταῖς πατρίσιν ἀλεξητῆρες εἶναι. Καὶ ἐν ἐνίαις μὲν τῶν πόλεων,
μάλιστα δὲ ἐν ταῖς εὐπολέμοις δοκούσαις εἶναι, οὐδ' ἔξεστι τῶν
πολιτῶν οὐδενὶ βαναυσικὰς τέχνας ἐργάζεσθαι.

Κ. Ἡμῖν δὲ δὴ ποίαις συμβουλεύεις, ὦ Σώκρατες, χρῆσθαι;

Σ. Ἆρα, ἔφη ὁ Σωκράτης, μὴ αἰσχυνθῶμεν τὸν Περσῶν βασιλέα μιμήσασθαι; Ἐκεῖνον γάρ φασιν ἐν τοῖς καλλίστοις τε
καὶ ἀναγκαιοτάτοις ἡγούμενον εἶναι ἐπιμελήμασι γεωργίαν τε
καὶ τὴν πολεμικὴν τέχνην, τούτων ἀμφοτέρων ἰσχυρῶς ἐπιμελεῖσθαι.

Καὶ ὁ Κριτόβουλος ἀκούσας ταῦτα εἶπε·

Κ. Καὶ τοῦτο, ἔφη, πιστεύεις, ὦ Σώκρατες, βασιλέα τὸν
Περσῶν γεωργίας τε συνεπιμελεῖσθαι;

Σ. Ὧδ' ἂν, ἔφη ὁ Σωκράτης, ἐπισκοποῦντες, ὦ Κριτόβουλε,
ἴσως ἂν καταμάθοιμεν εἴ τι συνεπιμελεῖται. Τῶν μὲν γὰρ
πολεμικῶν ἔργων ὁμολογοῦμεν αὐτὸν ἰσχυρῶς ἐπιμελεῖσθαι, ὅτι
ἐξ ὁπόσωνπερ ἐθνῶν δασμοὺς λαμβάνει τέταχε τῷ ἄρχοντι
ἑκάστῳ εἰς ὁπόσους δεῖ διδόναι τροφὴν ἱππέας καὶ τοξότας
καὶ σφενδονήτας καὶ γερροφόρους, οἵτινες τῶν τε ὑπ' αὐτοῦ
ἀρχομένων ἱκανοὶ ἔσονται κρατεῖν καὶ, ἢν πολέμιοι ἐπίωσιν,
ἀρήξουσι τῇ χώρᾳ, χωρὶς δὲ τούτων φυλακὰς ἐν ταῖς ἀκροπό-
λεσι τρέφει· καὶ τὴν μὲν τροφὴν τοῖς φρουροῖς δίδωσιν ὁ ἄρχων ᾧ τοῦτο προστέτακται· βασιλεὺς δὲ κατ' ἐνιαυτὸν ἐξέτασιν
ποιεῖται τῶν μισθοφόρων καὶ τῶν ἄλλων οἷς ὡπλίσθαι προστέτακται, καὶ πάντας ἅμα συνάγων, πλὴν τοὺς ἐν ταῖς ἀκροπόλεσιν,
ἔνθα δὴ ὁ σύλλογος καλεῖται, τοὺς μὲν ἀμφὶ τὴν ἑαυτοῦ οἴ-

en font peu de cas. Ils ruinent le corps de ceux qui les exercent et de ceux qui surveillent les travailleurs, en les forçant de demeurer assis, de vivre dans l'ombre, et parfois même de séjourner près du feu. Or, quand les corps sont efféminés, les âmes perdent bientôt toute leur énergie. En outre, les arts manuels ne vous laissent plus le temps de rien faire ni pour les amis ni pour l'État, en sorte qu'on passe pour de mauvais amis et de lâches défenseurs de la patrie. Aussi, dans quelques républiques, principalement dans celles qui sont réputées guerrières, il est défendu à tout citoyen d'exercer une profession mécanique.

C. Mais nous, Socrate, quel art nous conseilles-tu d'exercer?

S. Rougirions-nous, dit Socrate, d'imiter le roi de Perse? Ce prince, dit-on, convaincu que l'agriculture et l'art militaire sont les plus beaux et les plus nécessaires de tous, s'occupe de tous les deux avec une égale ardeur.

En entendant ces mots, Critobule reprit :

C. Quoi! Socrate, tu t'imagines que le roi de Perse donne quelques soins à l'agriculture?

S. Eh mais, dit Socrate, examinons, cher Critobule, et nous verrons peut-être s'il y donne quelque soin. Nous convenons qu'il s'occupe particulièrement de l'art militaire, parce qu'il prescrit à chaque gouverneur sur combien de nations il doit prélever le tribut, le nombre de cavaliers, d'archers, de frondeurs, de gerrophores qu'il doit nourrir soit pour contenir ses propres sujets, soit pour défendre le pays contre toute invasion des ennemis. En outre, il leur prescrit d'entretenir une garnison dans les citadelles. Le gouverneur à qui l'ordre est donné fournit la citadelle de subsistances. Le roi, chaque année, se fait présenter un état des troupes mercenaires, ainsi que de ceux auxquels il est enjoint de porter les armes; et, les convoquant tous, sauf les garnisons, au lieu fixé pour la réunion générale, il fait en personne la revue

χησιν αὐτὸς ἐφορᾷ, τοὺς δὲ πρόσω ἀποικοῦντας πιστοὺς πέμ-
πει ἐπισκοπεῖν· καὶ οἳ μὲν ἂν φαίνωνται τῶν φρουράρχων
καὶ τῶν χιλιάρχων καὶ τῶν σατραπῶν τὸν ἀριθμὸν τὸν τε-
ταγμένον ἔκπλεων ἔχοντες, καὶ τούτους δοκίμοις ἵπποις τε
καὶ ὅπλοις κατεσκευασμένους παρέχωσι, τούτους μὲν καὶ ταῖς
τιμαῖς αὔξει καὶ δώροις μεγάλοις καταπλουτίζει, οὓς δ' ἂν
εὕρῃ ἢ καταμελοῦντας ἢ καταχερδαίνοντας, τούτους χαλεπῶς
κολάζει καὶ παύων τῆς ἀρχῆς ἄλλους ἐπιμελητὰς καθίστησι. Τῶν μὲν δὴ πολεμικῶν ἔργων ταῦτα ποιῶν δοκεῖ
ἡμῖν ἀναμφιλόγως ἐπιμελεῖσθαι. Ἔτι δὲ ὁπόσην μὲν τῆς χώρας διελαύνων ἐφορᾷ αὐτός, αὐτὸς καὶ δοκιμάζει, ὁπόσην δὲ
μὴ αὐτὸς ἐφορᾷ, πέμπων πιστοὺς ἐπισκοπεῖται· καὶ οὓς μὲν
ἂν αἰσθάνηται τῶν ἀρχόντων συνοικουμένην τε τὴν χώραν
παρεχομένους καὶ ἐνεργὸν οὖσαν τὴν γῆν καὶ πλήρη δένδρων τε ὧν
ἑκάστη φέρει καὶ καρπῶν, τούτοις μὲν χώραν τε ἄλλην προστίθησι
καὶ δώροις κοσμεῖ καὶ ἕδραις ἐντίμοις γεραίρει, οἷς δ' ἂν ὁρᾷ
ἀργόν τε τὴν χώραν οὖσαν καὶ ὀλιγάνθρωπον ἢ διὰ χαλεπότητα
ἢ δι' ὕβριν ἢ δι' ἀμέλειαν, τούτους δὲ κολάζων καὶ παύων τῆς
ἀρχῆς ἄρχοντας ἄλλους καθίστησι. Ταῦτα ποιῶν δοκεῖ ἧττον
ἐπιμελεῖσθαι ὅπως ἡ γῆ ἐνεργὸς ἔσται ὑπὸ τῶν κατοικούντων ἢ
ὅπως εὖ φυλάξεται ὑπὸ τῶν φρουρούντων; Καὶ εἰσὶ δ' αὐτῷ οἱ
ἄρχοντες διατεταγμένοι ἐφ' ἑκάτερον οὐχ οἱ αὐτοί, ἀλλ' οἱ μὲν
ἄρχουσι τῶν κατοικούντων τε καὶ τῶν ἐργατῶν, καὶ δασμοὺς ἐκ
τούτων ἐκλέγουσιν, οἱ δ' ἄρχουσι τῶν ὡπλισμένων τε καὶ τῶν
φρουρῶν. Κἂν μὲν ὁ φρούραρχος μὴ ἱκανῶς τῇ χώρᾳ ἀρήγῃ,
ὁ τῶν ἐνοικούντων ἄρχων καὶ τῶν ἔργων ἐπιμελούμενος κατηγορεῖ τοῦ φρουράρχου, ὅτι οὐ δύνανται ἐργάζεσθαι διὰ τὴν
ἀφυλαξίαν, ἢν δὲ, παρέχοντος τοῦ φρουράρχου εἰρήνην τοῖς
ἔργοις, ὁ ἄρχων ὀλιγάνθρωπόν τε παρέχηται καὶ ἀργὸν τὴν
χώραν, τούτου αὖ κατηγορεῖ ὁ φρούραρχος· καὶ γὰρ σχεδόν
τι οἱ κακῶς τὴν χώραν ἐργαζόμενοι οὔτε τοὺς φρουροὺς τρέ-
φουσιν οὔτε τοὺς δασμοὺς δύνανται ἀποδιδόναι. Ὅπου δ' ἂν

des troupes voisines de sa résidence, et confie l'inspection de celles qui sont éloignées à des officiers dévoués. Les commandants de place, les chiliarques, les satrapes, qui ont leurs troupes au complet, et qui présentent des escadrons bien montés, des bataillons bien armés, sont comblés d'honneurs et de magnifiques présents. Ceux que le roi prend en délit de négligence ou de malversation sont punis sévèrement, privés de leur emploi, ou remplacés par d'autres chefs. Une telle conduite nous prouve infailliblement qu'il s'occupe de l'art militaire. Il fait plus : quelque pays de sa domination qu'il parcoure, il voit et juge tout par lui-même, et, partout où il ne peut voir par lui-même, il envoie des inspecteurs fidèles. Ceux des gouverneurs qui peuvent offrir à sa vue une province bien peuplée, un territoire bien cultivé, plein des arbres et des fruits que comporte la nature du sol, il augmente leur département, les comble de dons, et leur accorde une place d'honneur ; mais s'il voit un pays inculte, mal peuplé, à cause de la dureté, de la violence ou de l'incurie des gouverneurs, il les châtie, les casse ou leur substitue d'autres chefs. Une telle conduite ne prouve-t-elle pas l'intérêt qu'il prend à ce que la terre soit bien cultivée par les habitants et bien défendue par les garnisons ? Aussi, pour atteindre ce double but, nomme-t-il des officiers qui ne réunissent pas les deux fonctions à la fois : les uns ont, dans leur district, les propriétaires et les ouvriers, sur lesquels ils prélèvent des tributs, et les autres les grandes armées. Lorsque le chef de la garnison ne veille pas autant qu'il le doit à la sûreté du pays, alors celui qui est le chef des propriétaires et le surveillant des travaux se plaint du chef militaire, dont la mauvaise garde nuit aux travaux agricoles ; et si, au contraire, malgré la sécurité faite aux travaux par le chef de garnison, le chef civil laisse le pays inculte et mal peuplé, alors c'est lui que le commandant de la citadelle accuse à son tour. En effet, du moment où les cultivateurs du pays font mal leur service, ils ne nourrissent plus les garnisons et ne peuvent plus payer les tributs. Dans les pays sou-

σατράπης καθιστῆται, οὗτος ἀμφοτέρων τούτων ἐπιμελεῖται.

Ἐκ τούτων ὁ Κριτόβουλος εἶπεν·

Κ. Οὐκοῦν εἰ μὲν δὴ ταῦτα ποιεῖ βασιλεὺς, ὦ Σώκρατες, οὐδὲν ἔμοιγε δοκεῖ ἧττον τῶν γεωργικῶν ἔργων ἐπιμελεῖσθαι ἢ τῶν πολεμικῶν.

Σ. Ἔτι δὲ πρὸς τούτοις, ἔφη ὁ Σωκράτης, ἐν ὁπόσαις τε χώραις ἐνοικεῖ καὶ εἰς ὁπόσας ἐπιστρέφεται, ἐπιμελεῖταί τε τούτων ὅπως κῆποι ἔσονται, οἱ παράδεισοι καλούμενοι, πάντων καλῶν τε κἀγαθῶν μεστοὶ ὅσα ἡ γῆ φύειν θέλει, καὶ ἐν τούτοις αὐτὸς τὰ πλεῖστα διατρίβει, ὅταν μὴ ἡ ὥρα τοῦ ἔτους ἐξείργῃ.

Κ. Νὴ Δί', ἔφη ὁ Κριτόβουλος, ἀνάγκη τοίνυν, ὦ Σώκρατες, ἔνθα γε διατρίβει αὐτὸς, καὶ ὅπως ὡς κάλλιστα κατεσκευασμένοι ἔσονται οἱ παράδεισοι ἐπιμελεῖσθαι δένδρεσι καὶ τοῖς ἄλλοις ἅπασι καλοῖς ὅσα ἡ γῆ φύει.

Σ. Φασὶ δέ τινες, ἔφη ὁ Σωκράτης, ὦ Κριτόβουλε, καὶ ὅταν δῶρα διδῷ βασιλεὺς, πρῶτον μὲν εἰσκαλεῖν τοὺς ἐν πολέμῳ ἀγαθοὺς γεγονότας, ὅτι οὐδὲν ὄφελος πολλὰ ἀροῦν, εἰ μὴ εἶεν οἱ ἀρήξοντες· δεύτερον δὲ τοὺς κατασκευάζοντας τὰς χώρας ἄριστα καὶ ἐνεργοὺς ποιοῦντας, λέγοντα ὅτι οὐδ' ἂν οἱ ἄλκιμοι δύναιντο ζῆν, εἰ μὴ εἶεν οἱ ἐργαζόμενοι. Λέγεται δὲ καὶ Κῦρός ποτε, ὅσπερ εὐδοκιμώτατος δὴ βασιλεὺς γεγένηται, εἰπεῖν τοῖς ἐπὶ τὰ δῶρα κεκλημένοις ὅτι αὐτὸς ἂν δικαίως τὰ ἀμφοτέρων δῶρα λαμβάνοι· κατασκευάζειν τε γὰρ ἄριστος εἶναι ἔφη χώραν καὶ ἀρήγειν τοῖς κατεσκευασμένοις.

Κ. Κῦρος μὲν τοίνυν, ἔφη ὁ Κριτόβουλος, ὦ Σώκρατες, ἐπηγάλλετο οὐδὲν ἧττον, εἰ ταῦτα ἔλεγεν, ἐπὶ τῷ χώρας ἐνεργοὺς ποιεῖν καὶ κατασκευάζειν ἢ ἐπὶ τῷ πολεμικὸς εἶναι.

Σ. Καὶ, ναὶ μὰ Δί', ἔφη ὁ Σωκράτης, Κῦρός γε, εἰ ἐβίω, ἄριστος ἂν δοκεῖ ἄρχων γενέσθαι, καὶ τούτου τεκμήρια ἄλλα τε πολλὰ παρέσχηται καὶ ὁπότε περὶ τῆς βασιλείας τῷ ἀδελφῷ ἐπορεύετο μαχούμενος· παρὰ μὲν γὰρ Κύρου οὐδεὶς λέγεται

mis à un satrape, c'est ce dernier qui a une inspection sur les deux officiers.

Alors, Critobule :

C. Si telle est, Socrate, dit-il, la conduite du roi, il me semble qu'il n'a pas moins soin de l'agriculture que de l'art militaire.

S. Ce n'est pas tout, Critobule : quelque part qu'il séjourne, dans quelque pays qu'il aille, il veille à ce qu'il y ait de ces jardins, appelés paradis, qui sont remplis des plus belles et des meilleures productions que puisse donner la terre; et il y reste aussi longtemps que dure la saison d'été.

C. Par Jupiter! dit Critobule, il faut donc, Socrate, que, partout où il séjourne, on veille à ce que les paradis soient parfaitement entretenus, pleins d'arbres et de tout ce que la terre produit de plus beau.

S. On dit encore, Critobule, reprit Socrate, que quand le roi distribue des présents, il commence par appeler les meilleurs guerriers, parce qu'il est inutile de cultiver de grandes terres s'il n'y a pas d'hommes qui les protègent; puis il fait venir ceux qui savent le mieux rendre un terrain fertile, disant que les plus vaillants ne sauraient vivre s'il n'y avait pas de cultivateurs. On raconte, enfin, que Cyrus, qui fut un prince fort illustre, dit un jour à ceux qu'il avait appelés pour les récompenser, que lui aussi aurait droit aux deux prix; car il prétendait être le plus habile soit à cultiver ses terres, soit à défendre ses cultures.

C. Cyrus, par conséquent, mon cher Socrate, dit Critobule, ne se glorifiait pas moins, s'il a dit cela, de rendre les terres fertiles et de les bien préparer, que d'être habile à la guerre.

S. Par Jupiter! reprit Socrate, Cyrus, s'il eût vécu, eût été bien digne de commander. Mille autres faits en témoignent; et, quand il marcha contre son frère pour lui disputer la royauté, il n'y eut pas, dit-on, un seul soldat de Cyrus qui passât au parti du roi,

αὐτομολῆσαι πρὸς βασιλέα, παρὰ δὲ βασιλέως πολλαὶ μυριάδες πρὸς Κῦρον. Ἐγὼ δὲ καὶ τοῦτο ἡγοῦμαι μέγα τεκ-
μήριον ἄρχοντος ἀρετῆς εἶναι, ᾧ ἂν ἑκόντες πείθωνται καὶ
ἐν τοῖς δεινοῖς παραμένειν ἐθέλωσιν. Ἐκείνῳ δὲ οἱ φίλοι
ζῶντί τε συνεμάχοντο καὶ ἀποθανόντι συναπέθανον πάντες
περὶ τὸν νεκρὸν μαχόμενοι [1]. Οὗτος τοίνυν ὁ Κῦρος λέγεται
Λυσάνδρῳ [2], ὅτε ἦλθεν ἄγων αὐτῷ τὰ παρὰ τῶν συμμάχων
δῶρα, ἄλλα τε φιλοφρονεῖσθαι, ὡς αὐτὸς ἔφη ὁ Λύσανδρος
ξένῳ ποτέ τινι ἐν Μεγάροις διηγούμενος, καὶ τὸν ἐν Σάρ-
δεσι παράδεισον ἐπιδεικνύναι αὐτὸν ἔφη. Ἐπεὶ δὲ ἐθαύμαζεν
αὐτὸν ὁ Λύσανδρος, ὡς καλὰ μὲν τὰ δένδρα εἴη, δι' ἴσου
δὲ πεφυτευμένα, ὀρθοὶ δὲ οἱ στίχοι τῶν δένδρων, εὐγώνια
δὲ πάντα καλῶς εἴη, ὀσμαὶ δὲ πολλαὶ καὶ ἡδεῖαι συμ-
παρομαρτοῖεν αὐτοῖς περιπατοῦσι, καὶ ταῦτα θαυμάζων εἶπεν·
« Ἀλλ' ἐγώ τοι, ὦ Κῦρε, πάντα μὲν ταῦτα θαυμάζω ἐπὶ τῷ
κάλλει, πολὺ δὲ μᾶλλον ἄγαμαι τοῦ καταμετρήσαντός σοι καὶ
διατάξαντος ἕκαστα τούτων.» Ἀκούσαντα δὲ ταῦτα τὸν Κῦρον
ἡσθῆναί τε καὶ εἰπεῖν· « Ταῦτα τοίνυν, ὦ Λύσανδρε, ἐγὼ
πάντα καὶ διεμέτρησα καὶ διέταξα, ἔστι δ' αὐτῶν » φάναι
α ἃ καὶ ἐφύτευσα αὐτός. » Καὶ ὁ Λύσανδρος ἔφη, ἀποβλέψας
εἰς αὐτὸν καὶ ἰδὼν τῶν τε ἱματίων τὸ κάλλος ὧν εἶχε καὶ
τῆς ὀσμῆς αἰσθόμενος καὶ τῶν στρεπτῶν καὶ τῶν ψελίων καὶ
τοῦ ἄλλου κόσμου οὗ ἔχεν, εἰπεῖν· « Τί λέγεις, » φάναι « ὦ
Κῦρε; Ἦ γὰρ σὺ ταῖς σαῖς χερσὶ τούτων τι ἐφύτευσας; »
Καὶ τὸν Κῦρον ἀποκρίνασθαι· « Θαυμάζεις τοῦτο, ὦ Λύσανδρε;
Ὄμνυμί σοι τὸν Μίθρην [3], ὅτανπερ ὑγιαίνω, μηπώποτε δειπνῆ-
σαι πρὶν ἱδρῶσαι ἢ τῶν πολεμικῶν τι ἢ τῶν γεωργικῶν ἔργων
μελετῶν ἢ ἀεί ἕν γέ τι φιλοτιμούμενος. » Καὶ αὐτὸς μέντοι
ἔφη ὁ Λύσανδρος ἀκούσας ταῦτα δεξιώσασθαί τε αὐτὸν καὶ εἰ-
πεῖν· « Δικαίως μοι δοκεῖς, ὦ Κῦρε, εὐδαίμων εἶναι· ἀγαθός
γὰρ ὢν ἀνὴρ εὐδαιμονεῖς [4]. »

tandis que plusieurs myriades passèrent du roi à Cyrus. Pour ma
part, je regarde comme une grande marque de mérite d'un
souverain, quand on le suit de bon cœur et qu'on veut demeurer
auprès de lui dans les dangers. Or, tant que celui-ci vécut, ses
amis combattirent à ses côtés ; dès qu'il fut mort, tous moururent
en combattant auprès de son cadavre. C'est ce même Cyrus qui,
dit-on, lorsque Lysandre vint lui apporter des présents de la part
des alliés, lui fit mille démonstrations d'amitié, ainsi que l'a ra-
conté jadis Lysandre lui-même à l'un de ses hôtes de Mégare, et
le fit promener avec lui dans son paradis de Sardes. Lysandre
s'extasiait devant la beauté des arbres, la symétrie des plants,
l'alignement des allées, la précision des rectangles, le nombre et
la suavité des parfums qui faisaient cortége aux promeneurs ; et,
tout plein d'admiration : « Oui, Cyrus, dit-il, j'admire toutes ces
beautés ; mais ce que j'admire le plus, c'est celui qui t'a dessiné et ordonné tout cela. » En entendant ces mots, Cyrus fut
charmé, et lui dit : « Eh bien, Lysandre, c'est moi qui ai tout
dessiné, tout ordonné ; il y a même des arbres, ajouta-t-il,
que j'ai plantés moi-même. » Alors Lysandre, jetant les yeux
sur lui, et voyant la beauté de ses vêtements, sentant l'odeur de
ses parfums, frappé de l'éclat de ses colliers, de ses bracelets,
de toute sa parure, s'écria : « Que dis-tu, Cyrus? C'est bien toi qui
de tes propres mains as planté quelqu'un de ces arbres? » Alors
Cyrus : « Cela te surprend, Lysandre? lui dit-il. Je te jure par
Mithra, que, quand je me porte bien, je ne prends jamais de
repos avant de m'être couvert de sueur, en m'occupant de
travaux militaires ou de tout autre exercice. » Alors Lysandre,
lui serrant la main : « C'est à bon droit, Cyrus, dit-il, que tu me
sembles heureux : homme vertueux, tu mérites ton bonheur. »

V

Σ. Ταῦτα δέ, ὦ Κριτόβουλε, ἐγὼ διηγοῦμαι, ἔφη ὁ Σωκράτης, ὅτι τῆς γεωργίας οὐδ' οἱ πάνυ μακάριοι δύνανται ἀπέχεσθαι. Ἔοικε γὰρ ἡ ἐπιμέλεια αὐτῆς εἶναι ἅμα τε ἡδυπά-
θειά τις καὶ οἴκου αὔξησις καὶ σωμάτων ἄσκησις εἰς τὸ δύνασθαι
ὅσα ἀνδρὶ ἐλευθέρῳ προσήκει. Πρῶτον μὲν γὰρ ἀφ' ὧν ζῶσιν
οἱ ἄνθρωποι, ταῦτα ἡ γῆ φέρει ἐργαζομένοις, καὶ ἀφ' ὧν τοίνυν ἡδυπαθοῦσι, προσεπιφέρει· ἔπειτα δὲ ὅσοις κοσμοῦσι βω-
μοὺς καὶ ἀγάλματα καὶ οἷς αὐτοὶ κοσμοῦνται, καὶ ταῦτα μετὰ
ἡδίστων ὀσμῶν καὶ θεαμάτων παρέχει· ἔπειτα δὲ ὄψα πολλὰ
τὰ μὲν φύει, τὰ δὲ τρέφει· καὶ γὰρ ἡ προβατευτικὴ τέχνη
συνῆπται τῇ γεωργίᾳ, ὥστε ἔχειν καὶ θεοὺς ἐξαρέσκεσθαι
θύοντας καὶ αὐτοὺς χρῆσθαι. Παρέχουσα δ' ἀφθονώτατα τἀγαθά,
οὐκ ἐᾷ ταῦτα μετὰ μαλακίας λαμβάνειν, ἀλλὰ ψύχῃ τε χειμῶνος καὶ θάλπη θέρους ἐθίζει καρτερεῖν. Καὶ τοὺς μὲν αὐ-
τουργοὺς διὰ τῶν χειρῶν γυμνάζουσα ἰσχὺν αὐτοῖς προστίθησι,
τοὺς δὲ τῇ ἐπιμελείᾳ γεωργοῦντας ἀνδρίζει πρωί τε ἐγείρουσα
καὶ πορεύεσθαι σφοδρῶς ἀναγκάζουσα· καὶ γὰρ ἐν τῷ χώρῳ
καὶ ἐν τῷ ἄστει ἀεὶ ἐν ὥρᾳ αἱ ἐπικαιριώταται πράξεις εἰσίν.
Ἔπειτα ἤν τε σὺν ἵππῳ ἀρήγειν τις τῇ πόλει βούληται, τὸν
ἵππον ἱκανωτάτη ἡ γεωργία συντρέφειν, ἤν τε πεζῇ, σφοδρὸν τὸ
σῶμα παρέχει· θήραις τε ἐπιφιλοπονεῖσθαι συνεπαίρει τι ἡ γῆ,
καὶ κυσὶν εὐπέτειαν τροφῆς παρέχουσα καὶ θηρία συμπαρατρέ-
φουσα. Ὠφελούμενοι δὲ καὶ οἱ ἵπποι καὶ αἱ κύνες ἀπὸ τῆς
γεωργίας ἀντωφελοῦσι τὸν χῶρον, ὁ μὲν ἵππος πρωί τε κομίζων
τὸν κηδόμενον εἰς τὴν ἐπιμέλειαν καὶ ἐξουσίαν παρέχων ὀψὲ
ἀπιέναι, αἱ δὲ κύνες τά τε θηρία ἀπερύκουσαι ἀπὸ λύμης
καρπῶν καὶ προβάτων καὶ τῇ ἐρημίᾳ τὴν ἀσφάλειαν συμ-
παρέχουσαι. Παρορμᾷ δέ τι καὶ εἰς τὸ ἀρήγειν σὺν ὅπλοις
τῇ χώρᾳ καὶ ἡ γῆ τοὺς γεωργούς, ἐν τῷ μέσῳ τοὺς καρποὺς τρέφουσα τῷ κρατοῦντι λαμβάνειν. Καὶ δραμεῖν δὲ καὶ βαλεῖν κα

V

S. Ce que je te dis là, Critobule, continua Socrate, n'est que pour t'apprendre que même les plus heureux des hommes ne peuvent se passer de l'agriculture. Sans contredit, le soin qu'on y apporte est une source de plaisir, de prospérité pour la maison, et d'exercice pour le corps, qu'elle met en état d'accomplir tous les devoirs d'un homme libre. Et d'abord, tout ce qui est essentiel à l'existence, la terre le procure à ceux qui la cultivent; et les douceurs de la vie, elle les leur donne par surcroît. Ensuite les parures des autels et des statues, celles des hommes eux-mêmes, avec leur cortége de parfums suaves et de délices pour la vue, c'est encore elle qui les fournit. Viennent encore mille aliments qu'elle produit ou qu'elle développe : car l'élève des troupeaux se lie étroitement à l'agriculture; de telle sorte qu'elle nous donne de quoi sacrifier pour apaiser les dieux et subvenir à nos propres besoins. D'ailleurs, en nous offrant une variété si abondante, elle n'en fait point le prix de la paresse; elle nous apprend à supporter les froids de l'hiver et les chaleurs de l'été. L'exercice qu'elle impose à ceux qui cultivent la terre de leurs mains leur donne de la vigueur; et, quant à ceux qui surveillent les travaux, elle les trempe virilement en les éveillant de bon matin, et en leur faisant faire de longues marches. En effet, aux champs, de même qu'à la ville, c'est à heure fixe que se font les opérations les plus essentielles. Si l'on veut avoir un cheval bon pour le service de l'État, l'agriculture est ce qu'il y a de mieux fait pour nourrir ce cheval; si l'on veut servir dans l'infanterie, elle vous fait le corps vigoureux. La terre ne favorise pas moins les plaisirs du chasseur, puisqu'elle offre une nourriture facile aux chiens et au gibier. D'autre part, si les chevaux et les chiens reçoivent des services de l'agriculture, ils les lui rendent à leur tour : le cheval, en portant l'inspecteur aux champs de grand matin et en lui donnant la faculté d'en revenir tard; le chien, en empêchant les animaux sauvages de nuire aux productions et aux troupeaux, et en assurant la tranquillité de la solitude. La terre encourage aussi les cultivateurs à défendre leur pays les armes à la main, par ce fait même que ses productions sont offertes à qui veut et la proie du plus fort. Est-il, en outre, un art

πηδῆσαι τίς ἱκανωτέρους τέχνη γεωργίας παρέχεται; Τίς δὲ τοῖς ἐργαζομένοις ‑λείω ἀντιχαρίζεται; Τίς δὲ ἥδιον τὸν ἐπιμελόμενον δέχεται, προτείνουσα προσιόντι λαβεῖν ὅ τι χρήζει; Τίς δὲ ξένους ἀφθονώτερον δέχεται; Χειμάσαι δὲ πυρὶ ἀφθόνῳ καὶ θερμοῖς λουτροῖς ποῦ πλείων εὐμάρεια ἢ ἐν χώρῳ; Ποῦ δὲ ἥδιον θερίσαι ὕδασί τε καὶ πνεύμασι καὶ σκιαῖς ἢ κατ' ἀγρόν; Τίς δὲ ἄλλη θεοῖς ἀπαρχὰς πρεπωδεστέρας παρέχει ἢ ἑορτὰς πληρεστέρας ἀποδεικνύει; Τίς δὲ οἰκέταις προσφιλεστέρα ἢ γυναικὶ ἡδίων ἢ τέκνοις ποθεινοτέρα ἢ φίλοις εὐχαριτωτέρα; Ἐμοὶ μὲν θαυμαστὸν δοκεῖ εἶναι εἴ τις ἐλεύθερος ἄνθρωπος ἢ κτῆμά τι τούτου ἥδιον κέκτηται, ἢ ἐπιμέλειαν ἡδίω τινὰ ·αύτης ηὕρηκεν ἢ ὠφελιμωτέραν εἰς τὸν βίον. Ἔτι δὲ ἡ γῆ, θεὸς οὖσα, τοὺς δυναμένους καταμανθάνειν καὶ δικαιοσύνην διδάσκει· τοὺς γὰρ ἄριστα θεραπεύοντας αὐτὴν πλεῖστα ἀγαθὰ ἀντιποιεῖ. Ἐὰν δ' ἄρα καὶ ὑπὸ πλήθους ποτὲ στρατευμάτων τῶν ἔργων στερηθῶσιν οἱ ἐν τῇ γεωργίᾳ ἀναστρεφόμενοι καὶ σφοδρῶς καὶ ἀνδρικῶς παιδευόμενοι, οὗτοι εὖ παρεσκευασμένοι καὶ τὰς ψυχὰς καὶ τὰ σώματα, ἢν μὴ θεὸς ἀποκωλύῃ, δύνανται ἰόντες εἰς τὰς τῶν ἀποκωλυόντων λαμβάνειν ἀφ' ὧν θρέψονται. Πολλάκις δ' ἐν τῷ πολέμῳ καὶ ἀσφαλέστερόν ἐστι σὺν τοῖς ὅπλοις τὴν τροφὴν μαστεύειν ἢ σὺν τοῖς γεωργικοῖς ὀργάνοις. Συμπαιδεύει δὲ καὶ εἰς τὸ ἄρχειν ἄλλων ἡ γεωργία· ἐπί τε γὰρ τοὺς πολεμίους σὺν ἀνθρώποις δεῖ ἰέναι, τῆς τε γῆς σὺν ἀνθρώποις ἐστὶν ἡ ἐργασία. Τὸν οὖν μέλλοντα εὖ γεωργήσειν δεῖ τοὺς ἐργαστῆρας καὶ προθύμους παρασκευάζειν καὶ πείθεσθαι θέλοντας· τὸν δὲ ἐπὶ πολεμίους ἄγοντα ταὐτὰ δεῖ μηχανᾶσθαι δωρούμενόν τε τοῖς ποιοῦσιν ἃ δεῖ ποιεῖν τοὺς ἀγαθοὺς καὶ κολάζοντα τοὺς ἀτακτοῦντας· καὶ παρακελεύεσθαι δὲ πολλάκις οὐδὲν ἧττον δεῖ τοῖς ἐργάταις τὸν γεωργὸν ἢ τὸν στρατηγὸν τοῖς στρατιώταις· καὶ ἐλπίδων δὲ ἀγαθῶν οὐδὲν ἧττον οἱ δοῦλοι τῶν ἐλευθέρων δέονται, ἀλλὰ καὶ μᾶλλον, ὅπως μένειν ἐθέλωσι. Καλῶς δὲ κἀκεῖνος εἶπεν ὃς ἔφη τὴν γεωργίαν τῶν ἄλλων τεχνῶν μητέρα καὶ τροφὸν¹ εἶναι. Εὖ μὲν γὰρ φερομένης τῆς γεωργίας ἔρρωνται καὶ

qui, mieux qu'elle, rende apte à courir, à lancer, à sauter ; qui paye d'un plus grand retour ceux qui l'exercent ; qui offre plus de charmes à ceux qui s'y livrent ; qui tende plus généreusement les bras à qui vient lui demander ce qu'il lui faut ; qui fasse à ses hôtes un accueil plus généreux ? En hiver, où trouver mieux un bon feu contre le froid ou pour les étuves qu'à la campagne ? En été, où chercher une eau, une brise, un ombrage plus frais qu'aux champs ? Quel art offre à la divinité des prémices plus dignes d'elle, ou célèbre des fêtes plus splendides ? En est-il qui soit plus agréable aux serviteurs, plus délicieux pour l'épouse, plus désirable pour les enfants, plus libéral pour les amis ? Quant à moi, je serais surpris qu'un homme libre cherchât une possession plus attrayante, ou une occupation plus agréable et plus utile à la vie. Ce n'est pas tout : la terre, étant une divinité, enseigne d'elle-même la justice à ceux qui sont en état de l'apprendre ; car ceux qui s'appliquent le plus à la cultiver, elle leur rend le plus de bienfaits. Que quelque jour de nombreuses armées viennent arrêter dans leurs travaux ceux qui vivent aux champs, où ils puisent une éducation forte et virile, cette excellente préparation de l'âme et du corps leur permettra, si Dieu n'y met obstacle, de marcher sur les terres de ceux qui les dérangent et de leur prendre de quoi se nourrir. Souvent même, à la guerre, il est plus sûr d'enlever sa nourriture à la pointe des armes qu'avec les instruments aratoires. L'agriculture nous apprend encore à commander aux autres : car pour marcher contre les ennemis il faut des hommes, et c'est avec des hommes que se façonne la terre. Celui donc qui veut être bon cultivateur doit se préparer des ouvriers actifs et prêts à obéir ; de même que celui qui marche contre les ennemis doit avoir pour système de récompenser ceux qui font ce que doivent faire des hommes de cœur, et de punir ceux qui manquent à la discipline. Ainsi le cultivateur ne doit pas encourager moins souvent ses travailleurs, que le général ses soldats. L'espérance, en effet, n'est pas moins nécessaire aux esclaves qu'aux hommes libres ; elle l'est même davantage, afin qu'ils veuillent rester. On a dit une grande vérité, que l'agriculture est la mère et la nourrice des autres arts : dès que l'agriculture

αἱ ἄλλαι τέχναι ἅπασαι, ὅπου δ' ἂν ἀναγκασθῇ ἡ γῆ χερσεύειν, ἀποσβέννυνται καὶ αἱ ἄλλαι τέχναι σχεδόν τι καὶ κατὰ γῆν καὶ κατὰ θάλατταν.

Ἀκούσας δὲ ταῦτα ὁ Κριτόβουλος εἶπεν·

Κ. Ἀλλὰ ταῦτα μὲν ἔμοιγε, ὦ Σώκρατες, καλῶς δοκεῖς λέγειν· ὅτι δὲ τῆς γεωργικῆς τὰ πλεῖστά ἐστιν ἀνθρώπῳ ἀδύνατα προνοῆσαι....... Καὶ γὰρ χάλαζαι καὶ πάχναι ἐνίοτε καὶ αὐχμοὶ καὶ ὄμβροι ἐξαίσιοι καὶ ἐρυσῖβαι[1] καὶ ἄλλα πολλάκις τὰ καλῶς ἐγνωσμένα καὶ πεποιημένα ἀφαιροῦνται· καὶ πρόβατα δ' ἐνίοτε κάλλιστα τεθραμμένα νόσος ἐλθοῦσα κάκιστα ἀπώλεσεν.

Ἀκούσας δὲ ταῦτα ὁ Σωκράτης εἶπεν·

Σ. Ἀλλ' ᾤμην ἔγωγέ σε, ὦ Κριτόβουλε, εἰδέναι ὅτι οἱ θεοὶ οὐδὲν ἧττόν εἰσι κύριοι τῶν ἐν τῇ γεωργίᾳ ἔργων ἢ τῶν ἐν τῷ πολέμῳ. Καὶ τοὺς μὲν ἐν τῷ πολέμῳ ὁρᾷς, οἶμαι, πρὸ τῶν πολεμικῶν πράξεων ἐξαρεσκομένους τοὺς θεοὺς καὶ ἐπερωτῶντας θυσίαις καὶ οἰωνοῖς ὅ τι τε χρὴ ποιεῖν καὶ ὅ τι μή· περὶ δὲ τῶν γεωργικῶν πράξεων ἧττον οἴει δεῖν τοὺς θεοὺς ἱλάσκεσθαι; Εὖ γὰρ ἴσθι, ἔφη, ὅτι οἱ σώφρονες καὶ ὑπὲρ ὑγρῶν καὶ ξηρῶν καρπῶν[2] καὶ βοῶν καὶ ἵππων καὶ προβάτων καὶ ὑπὲρ πάντων γε δὴ τῶν κτημάτων τοὺς θεοὺς θεραπεύουσιν.

VI

Κ. Ἀλλὰ ταῦτα μὲν, ἔφη, ὦ Σώκρατες, καλῶς μοι δοκεῖς λέγειν, κελεύων πειρᾶσθαι σὺν τοῖς θεοῖς ἄρχεσθαι παντὸς ἔργου, ὡς τῶν θεῶν κυρίων ὄντων οὐδὲν ἧττον τῶν εἰρηνικῶν ἢ τῶν πολεμικῶν ἔργων. Ταῦτα μὲν οὖν πειρασόμεθα οὕτω ποιεῖν· σὺ δ' ἡμῖν, ἔνθεν λέγων περὶ τῆς οἰκονομίας ἀπέλιπες, πειρῶ τὰ τούτων ἐχόμενα διεκπεραίνειν, ὡς καὶ νῦν μοι δοκῶ, ἀκηκοὼς ὅσα εἶπες, μᾶλλόν τι ἤδη διορᾶν ἢ πρόσθεν ὅ τι χρὴ ποιοῦντα βιοτεύειν.

Σ. Τί οὖν, ἔφη ὁ Σωκράτης, ἄρα, εἰ πρῶτον μὲν ἐπανέλ-

va bien, tous les autres arts fleurissent avec elle; mais partout où la terre est forcée de demeurer en friche, presque tous les autres arts s'éloignent et sur terre et sur mer.

En entendant ces mots, Critobule s'écria :

C. Oh! oui, Socrate, tout ce que tu dis là me paraît excellent. Mais il est en agriculture des accidents que l'homme ne peut prévoir, les grêles, les gelées inattendues, les sécheresses, les grandes pluies, la rouille, et le reste, qui souvent détruisent nos plus heureuses combinaisons et nos meilleurs travaux : maintes fois nos troupeaux les plus beaux et les mieux soignés sont enlevés par une maladie soudaine et terrible.

A ces mots, Socrate répondit :

S. Je croyais, Critobule, que tu connaissais le pouvoir des dieux, aussi absolu sur les travaux des champs que sur ceux de la guerre. Tu vois, je crois qu'avant de commencer une œuvre guerrière les hommes se rendent les dieux propices et les consultent par l'intermédiaire des victimes et des oiseaux sur ce qu'ils doivent faire ou non; de même, avant toute œuvre agricole, n'es-tu pas d'avis qu'il faut se rendre les dieux favorables? Sache bien que les sages rendent hommage aux dieux à propos des fruits juteux ou secs, des bœufs, des chevaux, des brebis, en un mot de tout ce qu'ils possèdent.

VI

C. Oui, tu as bien raison, Socrate, répondit Critobule, quand tu me conseilles de n'entreprendre aucune œuvre sans implorer la protection des dieux, maîtres souverains de tout, soit en paix, soit à la guerre. Nous essayerons donc d'agir ainsi. Mais le point où tu en es resté au sujet de l'économie, essaye donc d'y revenir, et d'achever ce qu'il en restait; il me semble maintenant, après avoir entendu ce que tu as dit, que je vois plus clair qu'auparavant à faire ce qu'il faut pour vivre dans l'aisance.

S. Que veux-tu, dit Socrate? Faut-il revenir sur tout ce que nous

θεῖμεν ὅσα συνομολογοῦντες διεληλύθαμεν, ἤν πως δυνώμεθα οὕτω καὶ τὰ λοιπὰ διεξιέναι.

Κ. Ἡδὺ γοῦν ἐστιν, ἔφη ὁ Κριτόβουλος, ὥσπερ καὶ χρημάτων κοινωνήσαντας ἀναμφιλόγως διελθεῖν, οὕτω καὶ λόγων κοινωνοῦντας περὶ ὧν ἂν διαλεγώμεθα συνομολογοῦντας διεξιέναι.

Σ. Οὐκοῦν, ἔφη ὁ Σωκράτης, ἐπιστήμης μέν τινος ἔδοξεν ἡμῖν ὄνομα εἶναι ἡ οἰκονομία, ἡ δὲ ἐπιστήμη αὕτη ἐφαίνετο ᾗ οἴκους δύνανται αὔξειν ἄνθρωποι, οἶκος δ' ἡμῖν ἐφαίνετο ὅπερ κτῆσίς ἡ σύμπασα, κτῆσιν δὲ τοῦτο ἔφαμεν εἶναι ὅ τι ἑκάστῳ εἴη ὠφέλιμον εἰς τὸν βίον, ὠφέλιμα δὲ ὄντα ηὑρίσκετο πάντα ὁπόσοις τις ἐπίσταιτο χρῆσθαι. Πάσας μὲν οὖν τὰς ἐπιστήμας οὔτε μαθεῖν οἷόν τε ἡμῖν ἐδόκει, συναπεδοκιμάζομέν τε ταῖς πόλεσι τὰς βαναυσικὰς καλουμένας τέχνας, ὅτι καὶ τὰ σώματα, καταλυμαίνεσθαι δοκοῦσι καὶ τὰς ψυχὰς καταγνύναι. Ἐδοκιμάσαμεν δὲ ἀνδρὶ καλῷ τε κἀγαθῷ ἐργασίαν εἶναι καὶ ἐπιστήμην κρατίστην γεωργίαν, ἀφ' ἧς τὰ ἐπιτήδεια ἄνθρωποι πορίζονται. Αὕτη γὰρ ἡ ἐργασία ἐδόκει εἶναι ἡδίστη ἐργάζεσθαι, καὶ τὰ σώματα κάλλιστά τε καὶ εὐρωστότατα παρέχεσθαι, καὶ ταῖς ψυχαῖς ἥκιστα ἀσχολίαν παρέχειν φίλων τε καὶ πόλεως συνεπιμελεῖσθαι. Συμπαροξύνειν δέ τι ἐδόκει ἡμῖν καὶ εἰς τὸ ἀλκίμους εἶναι ἡ γεωργία, ἔξω τῶν ἐρυμάτων τὰ ἐπιτήδεια φύουσά τε καὶ τρέφουσα τοῖς ἐργαζομένοις. Διὰ ταῦτα δὲ καὶ εὐδοξοτάτη εἶναι πρὸς τῶν πόλεων αὕτη βιοτεία, ὅτι καὶ πολίτας ἀρίστους καὶ εὐνουστάτους παρέχεσθαι δοκεῖ τῷ κοινῷ.

Καὶ ὁ Κριτόβουλος·

Κ. Ὅτι μὲν, ὦ Σώκρατες, κάλλιστόν τε καὶ ἄριστον καὶ ἥδιστον ἀπὸ γεωργίας τὸν βίον ποιεῖσθαι πάνυ μοι δοκῶ πεπεῖσθαι ἱκανῶς· ὅτι δὲ ἔφησθα καταμαθεῖν τὰ αἴτια τῶν τε οὕτω γεωργούντων ὥστε ἀπὸ τῆς γεωργίας ἀφθόνως ἔχειν ὧν δέονται, καὶ τῶν οὕτως ἐργαζομένων ὡς μὴ λυσιτελεῖν αὐτοῖς τὴν γεωργίαν, καὶ ταῦτ' ἄν μοι δοκῶ ἡδέως ἑκάτερα ἀκούειν σου, ὅπως ἃ μὲν ἀγαθά ἐστι ποιῶμεν, ἃ δὲ βλαβερὰ μὴ ποιῶμεν.

Σ. Τί οὖν, ἔφη ὁ Σωκράτης, ὦ Κριτόβουλε, ἤν σοι ἐξ ἀρχῆς

avons établi d'un commun accord, pour voir si nous pourrons être du même avis sur le reste de la discussion?

C. S'il est agréable, dit Critobule, quand on est en société d'intérêts, de se rendre des comptes exacts, il l'est aussi, quand on est en société de pensées, d'être bien d'accord dans la discussion.

S. Eh bien, dit Socrate, le nom d'économie nous a paru être celui d'une science, et cette science, nous l'avons définie celle par laquelle les hommes font prospérer une maison. Une maison est pour nous la même chose que toute espèce de possession, et nous avons appelé possession ce qui pour chacun est utile à la vie; enfin le mot utile, nous l'avons appliqué à tous les objets dont on sait user. Il nous a paru impossible d'apprendre tous les arts, et nous avons dit que les États méprisent les arts appelés manuels parce qu'ils semblent dégrader les corps et briser l'âme. Nous avons ensuite prouvé qu'il n'y a pas pour un homme beau et bon de profession ni de science au-dessus de l'agriculture, qui procure aux hommes le nécessaire. Car cette profession est la plus agréable à pratiquer et donne au corps la plus grande beauté, la plus grande vigueur, et aux âmes assez de loisir pour songer aux amis et à la chose publique. L'agriculture nous a paru encore exciter les hommes à devenir courageux, vu que c'est en dehors des remparts qu'elle produit et nourrit le nécessaire pour ceux qui l'exercent. Voilà pourquoi, dans tous les États, c'est la profession la plus honorée, parce qu'elle donne à la société les citoyens les meilleurs et les mieux intentionnés.

Alors Critobule :

C. Que l'agriculture, Socrate, soit le plus beau, le meilleur et le plus agréable genre de vie, c'est ce dont je suis pleinement convaincu. Mais ce que tu prétends avoir remarqué, c'est-à-dire qu'il y a des cultivateurs qui travaillent de manière à se procurer abondamment par l'agriculture tout ce dont ils ont besoin, et d'autres qui s'y prennent de façon à ne tirer de l'agriculture aucun profit, c'est ce que j'entendrai de toi avec un double plaisir, afin de faire ce qui est bon et de ne pas faire ce qui est mauvais.

S. Eh bien, dit Socrate, cher Critobule, je vais tout d'abord te

διηγήσωμαι ὡς συνεγενόμην ποτὲ ἀνδρὶ, ὃς ἐμοὶ ἐδόκει εἶναι τῷ ὄντι τούτων τῶν ἀνδρῶν ἐφ' οἷς τοῦτο τὸ ὄνομα δικαίως ἐστιν ὃ καλεῖται καλός τε κἀγαθὸς ἀνήρ.

Κ. Πάνυ ἂν, ἔφη ὁ Κριτόβουλος, βουλοίμην ἂν τοῦτό σου ἀκούειν, ὡς καὶ ἔγωγε ἐρῶ τούτου τοῦ ὀνόματος ἄξιος γενέσθαι.

Σ. Λέξω τοίνυν σοι, ἔφη ὁ Σωκράτης, ὡς καὶ ἦλθον ἐπὶ τὴν σκέψιν αὐτοῦ. Τοὺς μὲν γὰρ ἀγαθοὺς τέκτονας, χαλκέας ἀγαθοὺς, ζωγράφους ἀγαθοὺς, ἀνδριαντοποιοὺς, καὶ τὰ ἄλλα τὰ τοιαῦτα, πάνυ ὀλίγος μοι χρόνος ἐγένετο ἱκανὸς περιελθεῖν τε καὶ θεάσασθαι τὰ δεδοκιμασμένα καλὰ ἔργα αὐτοῖς εἶναι. Ὅπως δὲ δὴ καὶ τοὺς ἔχοντας τὸ σεμνὸν ὄνομα τοῦτο τὸ καλός τε κἀγαθὸς ἐπισκεψαίμην, τί ποτ' ἐργαζόμενοι τοῦτ' ἀξιοῖντο καλεῖσθαι, πάνυ μου ἡ ψυχὴ ἐπεθύμει αὐτῶν τινι συγγενέσθαι. Καὶ πρῶτον μὲν ὅτι προσέκειτο τὸ καλὸς τῷ ἀγαθῷ, ὅντινα ἴδοιμι καλὸν, τούτῳ προσῄειν καὶ ἐπειρώμην καταμανθάνειν εἴ που ἴδοιμι προσηρτημένον τῷ καλῷ τὸ ἀγαθόν. Ἀλλ' οὐκ ἄρα εἶχεν οὕτως, ἀλλ' ἐνίους ἐδόκουν καταμανθάνειν τῶν, καλῶν τὰς μορφὰς πάνυ μοχθηροὺς ὄντας τὰς ψυχάς. Ἔδοξεν οὖν μοι ἀφέμενον τῆς καλῆς ὄψεως ἐπ' αὐτῶν τινα ἐλθεῖν τῶν καλουμένων καλῶν τε κἀγαθῶν. Ἐπεὶ οὖν τὸν Ἰσχόμαχον[1] ἤκουον πρὸς πάντων καὶ ἀνδρῶν καὶ γυναικῶν καὶ ξένων καὶ ἀστῶν καλόν τε κἀγαθὸν ἐπονομαζόμενον, ἔδοξέ μοι τούτῳ πειραθῆναι συγγενέσθαι.

VII

Σ. Ἰδὼν οὖν ποτε αὐτὸν ἐν τῇ τοῦ Διὸς τοῦ Ἐλευθερίου στοᾷ[2] καθήμενον, ἐπεί μοι ἔδοξε σχολάζειν, προσῆλθον αὐτῷ, καὶ παρακαθιζόμενος εἶπον·

ΣΩΚΡΑΤΗΣ. Τί, ὦ Ἰσχόμαχε, οὐ μάλα εἰωθὼς σχολάζειν, κάθησαι; ἐπεὶ τά γε πλεῖστα ἢ πράττοντά τι ὁρῶ σε ἢ οὐ πάνυ σχολάζοντα ἐν τῇ ἀγορᾷ.

ΙΣΧΟΜΑΧΟΣ. Οὐδὲ ἂν νῦν γε, ἔφη ὁ Ἰσχόμαχος, ὦ Σώκρατες, ἑώρας, εἰ μὴ ξένους τινὰς συνεθέμην ἀναμένειν ἐνθάδε.

raconter comment un jour j'abordai un homme, qui me paraissait être réellement un de ceux auxquels on a justement donné le nom de beaux et de bons.

C. Je désire d'autant plus l'entendre, Socrate, que moi-même je souhaite vivement devenir digne de ce titre.

S. Je te dirai donc, reprit Socrate, comment j'entrai en rapport avec lui. Pour les bons architectes, les bons graveurs, les bons peintres, les statuaires et les autres artistes, fort peu de temps me suffit pour les visiter et examiner les œuvres qu'ils jugent belles. Mais considérant ceux qui possèdent le titre respectable de beau et de bon, et me demandant par quel moyen il avaient été jugés dignes de l'obtenir, le penchant de mon cœur me poussait à nouer une relation avec quelqu'un d'entre eux. Et d'abord, comme le mot beau se joignait au mot bon, dès que je voyais un homme beau, je l'abordais et j'essayais de démêler si je trouverais quelque part en lui le beau en compagnie du bon. Mais il n'en allait point ainsi : je crus découvrir que beaucoup, sous de belles formes, avaient des âmes tout à fait dépravées. Je résolus donc de ne plus faire attention à la beauté du visage, mais d'aller droit à l'un de ceux qu'on appelle beaux et bons; et comme j'entendais Ischomachus, surnommé le beau et le bon par tout le monde, hommes et femmes, étrangers et citoyens, je résolus de faire effort pour lier connaissance avec lui.

VII

S. Un jour donc que je le vis assis sous le portique de Jupiter Libérateur et qu'il me parut de loisir, je m'avançai près de lui, et m'asseyant à ses côtés :

SOCRATE. Pourquoi, Ischomachus, lui dis-je, contrairement à ton habitude, es-tu assis sans rien faire? Je te vois presque toujours occupé et perdant bien peu de temps sur l'agora.

ISCHOMACHUS. Aussi tu ne me verrais pas là aujourd'hui, Socrate, je n'étais convenu d'y attendre des étrangers.

Σ. Ὅταν δὲ μὴ πράττῃς τι τοιοῦτον, πρὸς τῶν θεῶν, ἔφην ἐγώ, ποῦ διατρίβεις καὶ τί ποιεῖς; — Ἐγὼ γάρ τοι πάνυ βούλομαί σου πυθέσθαι τί ποτε πράττων καλός τε κἀγαθὸς κέκλησαι· — ἐπεὶ οὐκ ἔνδον διατρίβεις, οὐδὲ τοιαύτη σου ἡ ἕξις τοῦ σώματος καταφαίνεται.

Καὶ ὁ Ἰσχόμαχος γελάσας ἐπὶ τῷ τί ποιῶν καλὸς κἀγαθὸς κέκλησαι, καὶ ἡσθείς, ὥς γ' ἐμοὶ ἔδοξεν, εἶπιν·

Ι. Ἀλλ' εἰ μὲν, ὅταν σοι διαλέγωνται περὶ ἐμοῦ, τινὲς καλοῦσί με τοῦτο τὸ ὄνομα, οὐκ οἶδα· οὐ γὰρ δὴ ὅταν γέ με εἰς ἀντίδοσιν[1] καλῶνται τριηραρχίας ἢ χορηγίας, οὐδεὶς ἔφη ζητεῖ τὸν καλόν τε κἀγαθὸν, ἀλλὰ σαφῶς ἔφη ὀνομάζοντές με Ἰσχόμαχον πατρόθεν[2] προσκαλοῦνται. Ἐγὼ μὲν τοίνυν, ἔφη ὦ Σώκρατες, ὃ με ἐπήρου, οὐδαμῶς ἔνδον διατρίβω. Καὶ γὰρ δὴ ἔφη τά γε ἐν τῇ οἰκίᾳ μου πάνυ καὶ αὐτὴ ἡ γυνή ἐστιν ἱκανὴ διοικεῖν.

Σ. Ἀλλὰ καὶ τοῦτο ἔφην ἔγωγε, ὦ Ἰσχόμαχε, πάνυ ἂν ἡδέως σου πυθοίμην, πότερα αὐτὸς σὺ ἐπαίδευσας τὴν γυναῖκα ὥστε εἶναι οἵαν δεῖ, ἢ ἐπισταμένην ἔλαβες παρὰ τοῦ πατρὸς καὶ τῆς μητρὸς διοικεῖν τὰ προσήκοντα αὐτῇ.

Ι. Καὶ τί ἂν, ἔφη ὦ Σώκρατες, ἐπισταμένην αὐτὴν παρέλαβον, ἣ ἔτη μὲν οὔπω πεντεκαίδεκα γεγονυῖα ἦλθε πρὸς ἐμὲ, τὸν δ' ἔμπροσθεν χρόνον ἔζη ὑπὸ πολλῆς ἐπιμελείας ὅπως ὡς ἐλάχιστα μὲν ὄψοιτο, ἐλάχιστα δ' ἀκούσοιτο, ἐλάχιστα δ' ἐροίη; Οὐ γὰρ ἀγαπητόν σοι δοκεῖ εἶναι εἰ μόνον ἦλθεν ἐπισταμένη ἔρια παραλαβοῦσα ἱμάτιον ἀποδεῖξαι, καὶ ἑωρακυῖα ὡς ἔργα ταλάσια θεραπαίναις δίδοται; Ἐπεὶ τά γε ἀμφὶ γαστέρα ἔφη πάνυ καλῶς, ὦ Σώκρατες, ἦλθε πεπαιδευμένη· ὅπερ μέγιστον ἔμοιγε δοκεῖ παίδευμα εἶναι καὶ ἀνδρὶ καὶ γυναικί.

Σ. Τὰ δ' ἄλλα, ἔφην ἐγὼ ὦ Ἰσχόμαχε, αὐτὸς ἐπαίδευσας τὴν γυναῖκα ὥστε ἱκανὴν εἶναι ὧν προσήκει ἐπιμελεῖσθαι;

Ι. Οὐ μὰ Δί', ἔφη ὁ Ἰσχόμαχος οὐ πρίν γε καὶ ἔθυσα καὶ ηὐξάμην ἐμέ τε τυγχάνειν διδάσκοντα καὶ ἐκείνην μανθάνουσαν τὰ βέλτιστα ἀμφοτέροις ἡμῖν.

8. Mais quand tu n'attends personne, à quoi donc, au nom des dieux, lui dis-je, passes-tu le temps? que fais-tu? Je désire vivement savoir de toi quelle occupation te mérite le nom de beau et de bon; car tu ne vis pas renfermé chez toi et tu n'as point la complexion d'une vie sédentaire.

Alors Ischomachus se mettant à sourire à propos de l'occupation qui lui méritait le titre de beau et de bon, et satisfait, du moins à ce qu'il me parut:

I. Qu'on me donne ce nom, Socrate, dit-il, quand on te parle de moi, je n'en sais rien; mais quand il s'agit de me faire venir pour l'échange d'une charge de triérarque ou de chorége, personne ne cherche le beau et le bon, mais on m'appelle simplement par mon nom, Ischomachus, comme mon père. Pour répondre maintenant à ce que tu me demandais ensuite, Socrate, je ne reste jamais à la maison: car, ajouta-t-il, pour toutes les affaires du ménage, j'ai ma femme qui est parfaitement en état, à elle seule de les diriger.

S. Mais alors, Ischomachus, lui dis-je, j'éprouverais un grand plaisir à savoir si c'est toi qui, par tes leçons, as rendu ta femme ce qu'elle est, ou bien si tu l'as reçue de son père et de sa mère tout instruite de ses devoirs.

I. Eh! Socrate, que pouvait-elle savoir quand je la reçus? Elle n'avait pas quinze ans quand elle entra chez moi; elle avait vécu tout ce temps soumise à une extrême surveillance, afin qu'elle ne vît, n'entendît et ne demandât presque rien. Pouvais-je souhaiter plus, dis-le-moi, que de trouver en elle une femme qui sût filer la laine pour en faire des habits, qui eût vu de quelle manière on distribue la tâche aux fileuses? Pour la sobriété, Socrate, on l'y avait tout à fait bien formée; et c'est, à mon avis, une excellente habitude pour l'homme et pour la femme.

S. Et sur les autres points, Ischomachus, lui dis-je, est-ce encore toi dont les leçons ont rendu ta femme capable des soins qui la regardent?

I. Oui, par Jupiter, dit Ischomachus, mais non pas avant d'avoir offert un sacrifice et prié le ciel de m'accorder à moi la faveur de bien l'instruire et à elle celle de bien apprendre ce qui pouvait le mieux assurer notre bonheur commun

Σ. Οὐκοῦν ἔφην ἐγὼ καὶ ἡ γυνή σοι συνέθυε καὶ συνηύχετο ταὐτὰ ταῦτα;

Ι. Καὶ μάλα γ', ἔφη ὁ Ἰσχόμαχος πολλὰ ὑπισχνουμένη μὲν πρὸς τοὺς θεοὺς γενήσεσθαι οἵαν δεῖ, καὶ εὔδηλος ἦν ὅτι οὐκ ἀμελήσοι τῶν διδασκομένων.

Σ. Πρὸς θεῶν, ἔφην ἐγὼ ὦ Ἰσχόμαχε, τί πρῶτον διδάσκειν ἤρχου αὐτὴν, διηγοῦ μοι, ὡς ἐγὼ ταῦτ' ἂν ἥδιόν σου διηγουμένου ἀκούοιμι ἢ εἴ μοι γυμνικὸν ἢ ἱππικὸν ἀγῶνα[1] τὸν κάλλιστον διηγοῖο.

Καὶ ὁ Ἰσχόμαχος ἀπεκρίνατο·

Ι. Τί δ'; ἔφη ὦ Σώκρατες· ἐπεὶ ἤδη μοι χειροήθης ἦν καὶ ἐτετιθάσευτο ὥστε διαλέγεσθαι, ἠρόμην αὐτὴν, ἔφη, ὧδέ πως·

Εἰπέ μοι, ὦ γύναι, ἆρα ἤδη κατενόησας τίνος ποτὲ ἕνεκα ἐγώ τε σὲ ἔλαβον καὶ οἱ σοὶ γονεῖς ἔδοσάν σε ἐμοί; Ὅτι μὲν γὰρ οὐκ ἀπορία ἦν μεθ' ὅτου ἄλλου ἐκαθεύδομεν ἄν, οἶδ' ὅτι καὶ σοὶ καταφανὲς τοῦτ' ἐστί. Βουλευόμενος δ' ἐγώ τε ὑπὲρ ἐμοῦ καὶ οἱ σοὶ γονεῖς ὑπὲρ σοῦ τίν' ἂν κοινωνὸν βέλτιστον οἴκου τε καὶ τέκνων λάβοιμεν, ἐγώ τε σὲ ἐξελεξάμην καὶ οἱ σοὶ γονεῖς, ὡς ἐοίκασιν, ἐκ τῶν δυνατῶν[2] ἐμέ. Τέκνα μὲν οὖν ἢν θεός ποτε διδῷ ἡμῖν γενέσθαι, τότε βουλευσόμεθα περὶ αὐτῶν ὅπως ὅτι βέλτιστα παιδεύσομεν αὐτά· κοινὸν γὰρ ἡμῖν καὶ τοῦτο ἀγαθὸν, συμμάχων καὶ γηροβοσκῶν ὅτι βελτίστων τυγχάνειν· νῦν δὲ δὴ ὁ οἶκος ἡμῖν ὅδε κοινός ἐστιν. Ἐγώ τε γὰρ ὅσα μοι ἔστιν ἅπαντα εἰς τὸ κοινὸν ἀποφαίνω, σύ τε ὅσα ἐπήνεγκω πάντα εἰς τὸ κοινὸν κατέθηκας. Καὶ οὐ τοῦτο δεῖ λογίζεσθαι πότερος ἄρα ἀριθμῷ πλείω συμβέβληται ἡμῶν, ἀλλ' ἐκεῖνο εὖ εἰδέναι ὅτι ὁπότερος ἂν ἡμῶν βελτίων κοινωνὸς ᾖ, οὗτος τὰ πλείονος ἄξια συμβάλλεται.

Ἀπεκρίνατο δέ μοι, ὦ Σώκρατες, πρὸς ταῦτα ἡ γυνή·

ΓΥΝΗ. Τί δ' ἂν ἐγώ σοι ἔφη δυναίμην συμπρᾶξαι; Τίς δὲ ἡ ἐμὴ δύναμις; Ἀλλ' ἐν σοὶ πάντα ἐστίν· ἐμὸν δ' ἔφησεν ἡ μήτηρ ἔργον εἶναι σωφρονεῖν.

8. Ta femme, lui dis-je, sacrifiait donc avec toi et adressait au ciel les mêmes prières?

I. Assurément, dit Ischomachus; même elle promettait solennellement, à la face des cieux, de devenir ce qu'elle devait être, et je voyais bien qu'elle serait docile à mes leçons.

S. Au nom des dieux, lui dis-je, Ischomachus, que commenças-tu donc à lui apprendre? Raconte-le-moi; j'écouterai ton récit avec plus de plaisir que si tu me faisais celui d'un combat gymnique ou de la plus belle course de chevaux.

Alors Ischomachus me répondit:

I. Quand elle se fut familiarisée avec moi et que l'intimité l'eut enhardie à converser librement, je lui fis à peu près les questions suivantes:

Dis-moi, femme, commences-tu à comprendre pourquoi je t'ai prise et pourquoi tes parents t'ont donnée à moi? Ce n'était pas qu'il nous fût difficile d'en trouver quelque autre avec qui partager un même lit: je suis sûr que toi-même en es convaincue. Mais, après avoir réfléchi, moi pour moi, et tes parents pour toi, aux moyens de s'assortir le mieux possible pour avoir une maison et des enfants, je t'ai choisie, de même que tes parents m'ont probablement choisi, comme le parti le plus convenable. Nos enfants, si la divinité nous en donne, nous aviserons ensemble à les élever de notre mieux; car c'est aussi un bonheur, qui nous sera commun, de trouver en eux des défenseurs et de bons appuis pour notre vieillesse. Mais dès aujourd'hui cette maison nous est commune. Moi, tout ce que j'ai, je le mets en commun, et toi tu as déjà mis en commun tout ce que tu as apporté. Il ne s'agit plus de compter lequel de nous deux a fourni plus que l'autre; mais il faut bien se pénétrer de ceci, c'est que celui de nous deux qui gérera le mieux le bien commun fera l'apport le plus précieux.

A ces mots, Socrate, ma femme me répondit:

ELLE. Mais en quoi pourrais-je t'aider? De quoi suis-je capable? Tout roule sur toi. Ma mère m'a dit que ma tâche est de me bien conduire.

ÉCONOMIQUE DE XÉNOPHON. 4

Ι. Ναὶ μὰ Δί', ἔφην ἐγὼ ὦ γύναι, καὶ γὰρ ἐμοὶ ὁ πατήρ. Ἀλλὰ σωφρόνων τοί ἐστι καὶ ἀνδρὸς καὶ γυναικὸς οὕτω ποιεῖν ὅπως τά τε ὄντα ὡς βέλτιστα ἕξει καὶ ἄλλα ὅτι πλεῖστα ἐκ τοῦ καλοῦ τε καὶ δικαίου προσγενήσεται.

ΓΥΝΗ. Καὶ τί δὴ ἔφη ὁρᾷς, ἡ γυνή, ὅ τι ἂν ἐγὼ ποιοῦσα συναύξοιμι τὸν οἶκον;

Ι. Ναὶ μὰ Δί', ἔφην ἐγὼ ἃ οἵ τε θεοὶ ἔφυσάν σε δύνασθαι καὶ ὁ νόμος συνεπαινεῖ, ταῦτα πειρῶ ὡς βέλτιστα ποιεῖν.

ΓΥΝΗ. Καὶ τί δὴ ταῦτά ἐστιν; ἔφη ἐκείνη.

Ι. Οἶμαι μὲν ἔγωγε ἔφην οὐ τὰ ἐλαχίστου ἄξια, εἰ μή πέρ γε καὶ ἡ ἐν τῷ σμήνει ἡγεμὼν μέλιττα ἐπ' ἐλαχίστου ἀξίοις ἔργοις ἐφέστηκεν. Ἐμοὶ γάρ τοι, ἔφη φάναι, καὶ οἱ θεοί, ὦ γύναι, δοκοῦσι πολὺ διεσκεμμένως μάλιστα τὸ ζεῦγος τοῦτο συντεθεικέναι ὃ καλεῖται θῆλυ καὶ ἄρρεν, ὅπως ὅτι ὠφελιμώτατον ᾖ αὑτῷ εἰς τὴν κοινωνίαν. Πρῶτον μὲν γὰρ τοῦ μὴ ἐκλιπεῖν ζώων γένη τοῦτο τὸ ζεῦγος κεῖται μετ' ἀλλήλων τεκνοποιούμενον, ἔπειτα τὸ γηροβοσκοὺς κεκτῆσθαι ἑαυτοῖς ἐκ τούτου τοῦ ζεύγους τοῖς γοῦν ἀνθρώποις πορίζεται· ἔπειτα δὲ καὶ ἡ δίαιτα τοῖς ἀνθρώποις οὐχ ὥσπερ τοῖς κτήνεσίν ἐστιν ἐν ὑπαίθρῳ, ἀλλὰ στεγνῶν δεῖται δῆλον ὅτι. Δεῖ μέντοι, τοῖς μέλλουσιν ἀνθρώποις ἕξειν ὅ τι εἰσφέρωσιν εἰς τὸ στεγνὸν, τοῦ ἐργασομένου τὰς ἐν τῷ ὑπαίθρῳ ἐργασίας· καὶ γὰρ νεατὸς καὶ σπόρος καὶ φυτεία καὶ νομαὶ, ὑπαίθρια ταῦτα πάντα ἔργα ἐστίν· ἐκ τούτων δὲ τὰ ἐπιτήδεια γίγνεται. Δεῖ δ' αὖ, ἐπειδὰν ταῦτα εἰσενεχθῇ εἰς τὸ στεγνὸν, καὶ τοῦ σώσοντος ταῦτα, καὶ τοῦ ἐργασομένου ἃ τῶν στεγνῶν ἔργα δεόμενά ἐστι. Στεγνῶν δὲ δεῖται καὶ ἡ τῶν νεογνῶν τέκνων παιδοτροφία, στεγνῶν δὲ καὶ αἱ ἐκ τοῦ καρποῦ σιτοποιίαι δέονται· ὡσαύτως δὲ καὶ ἡ τῆς ἐσθῆτος ἐκ τῶν ἐρίων ἐργασία. Ἐπεὶ δ' ἀμφότερα ταῦτα καὶ ἔργων καὶ ἐπιμελείας δεῖται τά τε ἔνδον καὶ τὰ ἔξω, καὶ τὴν φύσιν, φάναι, εὐθὺς παρεσκεύασεν ὁ θεός, ὡς ἐμοὶ δοκεῖ, τὴν μὲν τῆς γυναικὸς ἐπὶ τὰ ἔνδον ἔργα

Moi. Oui, femme, par Jupiter! lui dis-je, et mon père aussi me disait la même chose ; mais il est du devoir d'un homme et d'une femme qui se conduisent bien de faire en sorte que ce qu'ils ont prospère au mieux et qu'il leur arrive en outre beaucoup de biens nouveaux par des moyens honnêtes et justes.

E. Mais en quoi vois-tu, me dit ma femme, que je puisse coopérer avec toi à l'accroissement de la maison?

M. Par Jupiter! répondis-je, ce pour quoi les dieux t'ont créée et ce que la loi ratifie, essaye de le faire de ton mieux.

E. Qu'est-ce donc? reprit-elle.

M. Je crois, lui dis-je, que ce ne sont pas choses de médiocre importance, ou l'on dira que dans la ruche la mère abeille n'est occupée que des plus viles fonctions. Les dieux, femme, me semblent avoir bien réfléchi, quand ils ont assorti ce couple qui se nomme mâle et femelle, pour la grande utilité commune. Et d'abord, afin d'empêcher l'extinction de la race animale, ce couple est destiné à engendrer l'un par l'autre; ensuite il résulte de cette union, du moins chez l'homme, des appuis pour la vieillesse; puis, les hommes ne vivant pas en plein air comme le bétail, il est évident qu'il leur faut des abris. Cependant il faut aussi, pour avoir de quoi rentrer sous des abris, que quelques-uns travaillent en plein air. Ainsi le défrichement, les semailles, les plantations, la pâture, sont tous travaux à ciel ouvert, et qui procurent les nécessités de la vie. Puis, les provisions une fois placées sous les abris, il faut quelqu'un qui les conserve et s'occupe des travaux qui ne peuvent avoir lieu que sous ces abris mêmes : abris nécessaires encore pour nourrir les nouveau-nés, abris nécessaires pour préparer les aliments que fournit le sol, et pour convertir en habits la laine des troupeaux. Or, comme ces doubles fonctions, de l'intérieur et de l'extérieur, demandent de l'activité et du soin, la divinité a d'avance approprié, selon moi, la nature de la femme pour les soins et les travaux

καὶ ἐπιμελήματα, τὴν δὲ τοῦ ἀνδρὸς ἐπὶ τὰ ἔξω. Ῥίγη μὲν γὰρ
καὶ θάλπη καὶ ὁδοιπορίας καὶ στρατείας τοῦ ἀνδρὸς τὸ σῶμα
καὶ τὴν ψυχὴν μᾶλλον δύνασθαι καρτερεῖν κατεσκεύασεν, ὥστε
τὰ ἔξω ἐπέταξεν αὐτῷ ἔργα· τῇ δὲ γυναικὶ ἧττον τὸ σῶμα
δυνατὸν πρὸς ταῦτα φύσας, τὰ ἔνδον ἔργα αὐτῇ φάναι ἔφη προσ-
τάξαι μοι δοκεῖ ὁ θεός. Εἰδὼς δὲ ὅτι τῇ γυναικὶ καὶ ἐνέφυσε
καὶ προσέταξε τὴν τῶν νεογνῶν τέκνων τροφὴν, καὶ τοῦ στέρ-
γειν τὰ νεογνὰ βρέφη πλεῖον αὐτῇ ἐδάσατο ἢ τῷ ἀνδρί. Ἐπεὶ
δὲ καὶ τὸ φυλάττειν τὰ εἰσενεχθέντα τῇ γυναικὶ προσέταξε, γιγνώσκων ὁ θεὸς ὅτι πρὸς τὸ φυλάττειν οὐ κάκιόν ἐστι φοβερὰν
εἶναι τὴν ψυχὴν, πλεῖον μέρος καὶ τοῦ φόβου ἐδάσατο τῇ γυναικὶ ἢ τῷ ἀνδρί. Εἰδὼς δὲ ὅτι καὶ ἀρήγειν αὖ δεήσει, ἐάν τις
ἀδικῇ, τὸν τὰ ἔξω ἔχοντα, τούτῳ αὖ πλεῖον μέρος τοῦ θράσους
ἐδάσατο. Ὅτι δ' ἀμφοτέρους δεῖ καὶ διδόναι καὶ λαμβάνειν,
τὴν μνήμην καὶ τὴν ἐπιμέλειαν εἰς τὸ μέσον ἀμφοτέροις κατ-
έθηκεν. Ὥστε οὐκ ἂν ἔχοις διελεῖν πότερα τὸ ἔθνος τὸ θῆλυ
ἢ τὸ ἄρρεν τούτων πλεονεκτεῖ. Καὶ τὸ ἐγκρατεῖς δὲ εἶναι,
ὧν δεῖ εἰς τὸ μέσον ἀμφοτέροις κατέθηκε, καὶ ἐξουσίαν ἐποίησεν ὁ θεὸς ὁπότερος ἂν ᾖ βελτίων, εἴθ' ὁ ἀνὴρ εἴθ' ἡ γυνή,
τοῦτον καὶ πλεῖον φέρεσθαι τούτου τοῦ ἀγαθοῦ. Διὰ δὲ τὸ τὴν
φύσιν μὴ πρὸς πάντα ταῦτα ἀμφοτέρων εὖ πεφυκέναι, διὰ
τοῦτο καὶ δέονται μᾶλλον ἀλλήλων καὶ τὸ ζεῦγος ὠφελιμώτερον
ἑαυτῷ γεγένηται, ἃ τὸ ἕτερον ἐλλείπεται τὸ ἕτερον δυνάμε-
νον. Ταῦτα δὲ, ἔφην, δεῖ ἡμᾶς, ὦ γύναι, εἰδότας, ἃ ἑκατέρῳ
ἡμῶν προστέτακται ὑπὸ τοῦ θεοῦ, πειρᾶσθαι ὅπως βέλτιστα
τὰ προσήκοντα ἑκάτερον ἡμῶν διαπράττεσθαι. Συνεπαινεῖ
δὲ ἔφη φάναι καὶ ὁ νόμος αὐτά, συζευγνὺς ἄνδρα καὶ γυναῖκα. Καὶ κοινωνοὺς ὥσπερ τῶν τέκνων ὁ θεὸς ἐποίησεν,
οὕτω καὶ ὁ νόμος τοῦ οἴκου καθίστησι. Καὶ καλὰ δὲ εἶναι ὁ νόμος ἀποδείκνυσιν ἃ ὁ θεὸς ἔφυσεν ἑκάτερον μᾶλλον δύνασθαι.
Τῇ μὲν γὰρ γυναικὶ κάλλιον ἔνδον μένειν ἢ θυραυλεῖν, τῷ δὲ
ἀνδρὶ αἴσχιον ἔνδον μένειν ἢ τῶν ἔξω ἐπιμελεῖσθαι. Εἰ δέ τις

de l'intérieur, et celle de l'homme pour les travaux et les soins du dehors. Froids, chaleurs, voyages, guerres, le corps de l'homme et son âme ont été mis en état de tout supporter, et la divinité l'a chargé pour cela des travaux du dehors : quant à la femme, en lui donnant une plus faible complexion, la divinité me semble avoir voulu la restreindre aux travaux de l'intérieur. C'est pour une raison semblable que la femme ayant le penchant et la mission de nourrir ses enfants nouveau-nés, la divinité lui a donné bien plus qu'à l'homme le besoin d'aimer ces petits êtres. Et comme c'est aussi la femme qui est chargée de veiller sur les provisions, la divinité, qui sait que, pour surveiller, la timidité de l'âme n'est point un mal, a donné à la femme un caractère plus timide qu'à l'homme. Mais la divinité sachant aussi qu'il faudra que le travailleur du dehors repousse ceux qui tenteraient de lui nuire, elle a donné à l'homme une plus large part d'intrépidité. En même temps, l'un et l'autre ayant à donner et à recevoir, elle a pourvu également l'un et l'autre de mémoire et d'attention; si bien que, sous ce rapport, on ne saurait décider lequel l'emporte, de la femelle ou du mâle. Pour ce qui est de la tempérance, la divinité les en a rendus également susceptibles, et elle a permis que celui des deux qui porterait le plus loin cette vertu, soit l'homme, soit la femme, en reçût une plus belle récompense. Cependant, comme la nature d'aucun d'eux n'est parfaite en tout point, cela fait qu'ils ont besoin l'un de l'autre, et leur union est d'autant plus utile que ce qui manque à l'un l'autre peut le suppléer. Il faut donc, femme, qu'instruits des fonctions qui sont assignées à chacun de nous par la divinité, nous nous efforcions de nous acquitter le mieux possible de celles qui incombent à l'un comme à l'autre. La loi ratifie cette intention d'en haut en unissant l'homme et la femme. Si la divinité les associe en vue des enfants, la loi les associe en vue du ménage. C'est elle aussi qui déclare honnête tout ce qui résulte des facultés accordées par le ciel à l'un et à l'autre. Il est, en effet, plus honnête pour la femme de rester à l'intérieur que d'être toujours en courses, et il est plus honteux pour l'homme de rester à l'intérieur que de soigner les affaires du dehors. Si donc l'un agit contrairement aux desseins de la divinité, ce désordre n'échappe point aux regards des dieux,

παρ' ἃ ὁ θεὸς ἔφυσε ποιεῖ, ἴσως τι καὶ ἀτακτῶν τοὺς θεοὺς
οὐ λήθει, καὶ δίκην δίδωσιν ἀμελῶν τῶν ἔργων τῶν ἑαυτοῦ ἢ
πράττων τὰ τῆς γυναικὸς ἔργα. Δοκεῖ δέ μοι ἔφην καὶ ἡ τῶν
μελιττῶν ἡγεμὼν τοιαῦτα ἔργα ὑπὸ τοῦ θεοῦ προστεταγμένα
διαπονεῖσθαι.

ΓΥΝΗ. Καὶ ποῖα δὴ ἔφη ἐκείνη ἔργα ἔχουσα ἡ τῶν μελιττῶν ἡγεμὼν ἐξομοιοῦται τοῖς ἔργοις οἷς ἐμὲ δεῖ πράττειν;

Ι. Ὅτι ἔφην ἐγὼ ἐκείνη γε ἐν τῷ σμήνει μένουσα οὐκ ἐᾷ ἀρ-
γοὺς τὰς μελίττας εἶναι, ἀλλ' ἃς μὲν δεῖ ἔξω ἐργάζεσθαι ἐκπέμπει
ἐπὶ τὸ ἔργον, καὶ ἃ ἂν αὐτῶν ἑκάστη εἰσφέρῃ οἶδέ τε καὶ
δέχεται, καὶ σώζει ταῦτα ἔστ' ἂν δέῃ χρῆσθαι. Ἐπειδὰν δὲ
ἡ ὥρα τοῦ χρῆσθαι ἥκη, διανέμει τὸ δίκαιον ἑκάστη. Καὶ
ἐπὶ τοῖς ἔνδον δ' ἐξυφαινομένοις κηρίοις ἐφέστηκεν, ὡς καλῶς
καὶ ταχέως ὑφαίνηται, καὶ τοῦ γιγνομένου τόκου ἐπιμελεῖται
ὡς ἐκτρέφηται· ἐπειδὰν δὲ ἐκτραφῇ καὶ ἀξιοεργοὶ οἱ νεοττοὶ
γένωνται, ἀποικίζει αὐτοὺς σὺν τῶν ἐπιγόνων τινὶ ἡγεμόνι.

ΓΥΝΗ. Ἦ καὶ ἐμὲ οὖν ἔφη ἡ γυνὴ δεήσει ταῦτα ποιεῖν;

Ι. Δεήσει μέντοι σε ἔφην ἐγὼ ἔνδον τε μένειν, καὶ οἷς
μὲν ἂν ἔξω τὸ ἔργον ᾖ τῶν οἰκετῶν, τούτους συνεκπέμπειν,
οἷς δ' ἂν ἔνδον ἔργον ἐργαστέον, τούτων σοι ἐπιστατητέον·
καὶ τά τε εἰσφερόμενα ἀποδεκτέον, καὶ ἃ μὲν ἂν αὐτῶν
δέῃ δαπανᾶν σοι διανεμητέον, ἃ δ' ἂν περιττεύειν δέῃ
προνοητέον, καὶ φυλακτέον ὅπως μὴ ἡ εἰς τὸν ἐνιαυτὸν
κειμένη δαπάνη εἰς τὸν μῆνα δαπανᾶται· καὶ ὅταν ἔρια εἰσενεχθῇ σοι, ἐπιμελητέον ὅπως οἷς δεῖ ἱμάτια γίγνηται· καὶ
ὁ γε ξηρὸς σῖτος ὅπως καλῶς ἐδώδιμος γίγνηται ἐπιμελητέον.
Ἓν μέντοι τῶν σοὶ προσηκόντων, ἔφην ἐγώ, ἐπιμελημάτων
ἴσως ἀχαριώτερον δόξει εἶναι, ὅτι ὃς ἂν κάμνῃ τῶν οἰκετῶν,
τούτου σοι ἐπιμελητέον πάντως ὅπως θεραπεύηται.

ΓΥΝΗ. Νὴ Δί', ἔφη ἡ γυνὴ ἐπιχαριτώτατον μὲν οὖν, ἢν
μέλλωσί γε οἱ καλῶς θεραπευθέντες χάριν εἴσεσθαι καὶ εὐνούστεροι ἢ πρόσθεν ἔσεσθαι.

et l'on est puni d'avoir négligé ses propres devoirs ou accompli les actes de la femme. Il me semble, dis-je encore, que, soumise aux desseins de la divinité, la mère abeille remplit des fonctions semblables aux tiennes.

E. Et quelles sont donc, dit ma femme, ces occupations de la mère abeille qui ressemblent à ce que j'ai à faire?

M. Elle a, lui dis-je, à rester dans la ruche, et à ne point permettre aux abeilles de demeurer oisives : mais celles qu'elle doit envoyer au dehors, elle les fait sortir pour l'ouvrage, voit et reçoit ce que chacune d'elles apporte, et conserve avec soin les provisions jusqu'au moment de s'en servir. Quand le temps d'en user est arrivé, elle fait à chacune une distribution équitable. Dans l'intérieur, elle préside à la confection des cellules, elle veille à ce que la construction en soit régulière et prompte ; elle prend soin de la nourriture des essaims qui viennent d'éclore. Les petites abeilles une fois élevées et capables de travailler, elle les envoie en colonie avec un jeune chef.

E. Et moi, dit ma femme, faudra-t-il donc que je fasse la même chose?

M. Il faudra, lui dis-je, que tu restes à la maison, que tu fasses partir ensemble ceux de tes serviteurs chargés des travaux du dehors, et que tu surveilles toi-même le travail de ceux qui travaillent à l'intérieur : tu auras à recevoir ce qu'on y apportera et à distribuer les provisions qui doivent être employées : à l'égard du superflu, tu devras veiller, et prendre garde à ce qu'on ne fasse pas dans un mois la dépense affectée à l'année tout entière. Lorsqu'on t'aura apporté des laines, tu auras à faire filer des vêtements pour ceux qui en ont besoin, tu auras également à veiller à ce que les provisions sèches soient bonnes à manger. Il est toutefois, lui dis-je, une de tes fonctions qui peut-être t'agréera moins : c'est que, si quelqu'un de tes esclaves tombe malade, tu dois veiller avec tout le soin possible à sa guérison.

E. Par Jupiter! dit ma femme, rien ne m'agréera davantage, si, rétablis par mes soins, ils doivent me savoir gré et me montrer plus de dévouement encore que par le passé.

I. Καὶ ἐγὼ ἔφη ὁ Ἰσχόμαχος· ἀγασθεὶς αὐτῆς τὴν ἀπόκρισιν εἶπον·

Ἆρά γε, ὦ γύναι, διὰ τοιαύτας τινὰς προνοίας καὶ τῆς ἐν τῷ σμήνει ἡγεμόνος αἱ μέλιτται οὕτω διατίθενται πρὸς αὐτήν, ὥστε, ὅταν ἐκείνη ἐκλίπῃ, οὐδεμία οἴεται τῶν μελιττῶν ἀπολειπτέον εἶναι, ἀλλ' ἕπονται πᾶσαι;

Καὶ ἡ γυνή μοι ἀπεκρίνατο·

ΓΥΝΗ. Θαυμάζοιμ' ἂν ἔφη εἰ μὴ πρὸς σὲ μᾶλλον τείνοι τὰ τοῦ ἡγεμόνος ἔργα ἢ πρὸς ἐμέ. Ἡ γὰρ ἐμὴ φυλακὴ τῶν ἔνδον καὶ διανομὴ γελοία τις ἂν, οἶμαι, φαίνοιτο, εἰ μὴ σύ γε ἐπιμελοῖο ὅπως ἔξωθέν τι εἰσφέροιτο.

I. Γελοία δ' αὖ ἔφην ἐγὼ ἡ ἐμὴ εἰσφορὰ φαίνοιτ' ἂν, εἰ μὴ εἴη ὅστις τὰ εἰσενεχθέντα σώζοι. Οὐχ ὁρᾷς, ἔφην ἐγώ, οἱ εἰς τὸν τετρημένον πίθον ἀντλεῖν λεγόμενοι ὡς οἰκτείρονται, ὅτι μάτην πονεῖν δοκοῦσι;

ΓΥΝΗ. Νὴ Δί', ἔφη ἡ γυνὴ καὶ γὰρ τλήμονές εἰσιν, εἰ τοῦτό γε ποιοῦσιν.

I. Ἄλλαι δέ τοι ἔφην ἐγὼ ἴδιαι ἐπιμέλειαι, ὦ γύναι, ἡδεῖαί σοι γίγνονται, ὁπόταν ἀνεπιστήμονα ταλασίας λαβοῦσα ἐπιστήμονα ποιήσῃς καὶ διπλασίου σοι ἀξία γένηται, καὶ ὁπόταν ἀνεπιστήμονα ταμιείας καὶ διακονίας παραλαβοῦσα ἐπιστήμονα καὶ πιστὴν καὶ διακονικὴν ποιησαμένη παντὸς ἀξίαν ἔχῃς, καὶ ὁπόταν τοὺς μὲν σώφρονάς τε καὶ ὠφελίμους τῷ σῷ οἴκῳ ἐξῇ σοι εὖ ποιῆσαι, ἐὰν δέ τις πονηρὸς φαίνηται, ἐξῇ σοι κολάσαι· τὸ δὲ πάντων ἥδιστον, ἐὰν βελτίων ἐμοῦ φανῇς, καὶ ἐμὲ σὸν θεράποντα ποιήσῃ, καὶ μὴ δέῃ σε φοβεῖσθαι μὴ προϊούσης τῆς ἡλικίας ἀτιμοτέρα ἐν τῷ οἴκῳ γένῃ, ἀλλὰ πιστεύῃς ὅτι πρεσβυτέρα γιγνομένη ὅσῳ ἂν καὶ ἐμοὶ κοινωνὸς καὶ παισὶν οἴκου φύλαξ ἀμείνων γίγνῃ, τοσούτῳ καὶ τιμιωτέρα ἐν τῷ οἴκῳ ἔσει. Τὰ γὰρ καλά τε κἀγαθὰ ἐγὼ ἔφην οὐ διὰ τὰς ὡραιότητας, ἀλλὰ διὰ τὰς ἀρετὰς εἰς τὸν βίον τοῖς ἀνθρώποις ἐπαύξεται.

M. Cette réponse m'enchanta, reprit Ischomachus, et je lui dis : N'est-ce point, femme, parce que la mère abeille fait preuve du même intérêt à l'égard des essaims, que les abeilles témoignent pour elle une certaine affection si tendre, que, quand elle abandonne la ruche, aucune ne croit pouvoir y rester, toutes la suivent?

A cela ma femme répondit :

E. Je suis surprise que les fonctions de chef ne t'appartiennent pas plutôt qu'à moi. Car ma surveillance et ma distribution à l'intérieur paraîtraient, je crois, ridicules, si tu ne veillais à ce qu'on apportât quelque chose du dehors.

M. Et mes soins à moi, lui dis-je, ne sembleraient-ils pas ridicules, s'il n'y avait personne pour conserver ce que j'apporte? Ne vois-tu pas ceux qu'on dit vouloir remplir un tonneau percé, quelle pitié ils inspirent, parce qu'on sait l'inutilité de leurs efforts?

E. Oui, par Jupiter! dit ma femme; ils sont malheureux d'agir ainsi.

M. Mais toi, femme, lui dis-je, tu auras d'autres soins agréables à prendre, quand d'une esclave que tu auras reçue incapable de filer tu auras fait une bonne fileuse, qui doublera de prix pour toi; quand d'une intendante ou d'une femme de charge incapable tu auras fait une servante capable, dévouée, intelligente, d'un prix inestimable; quand tu seras en droit de récompenser les gens sages et utiles à ta maison, et de punir les mauvais. Mais le charme le plus doux, ce sera lorsque, devenue plus parfaite que moi, tu m'auras rendu ton serviteur; quand loin de craindre que l'âge en arrivant ne te fasse perdre de ta considération dans ton ménage, tu auras l'assurance qu'en vieillissant tu deviens pour moi une compagne meilleure encore, pour tes enfants une meilleure ménagère et pour ta maison une maîtresse plus honorée. Car la beauté et la bonté, lui dis-je, ne dépendent point de la jeunesse: ce sont les vertus qui les font croître dans la vie aux yeux des hommes.

Τοιαῦτα μὲν, ὦ Σώκρατες, δοκῶ μεμνῆσθαι αὐτῇ τὰ πρῶτα διαλεχθείς.

VIII

Σ. Ἦ καὶ ἐπέγνως τι, ὦ Ἰσχόμαχε, ἔφην ἐγὼ ἐκ τούτων αὐτὴν κεκινημένην μᾶλλον πρὸς τὴν ἐπιμέλειαν;

Ι. Ναὶ μὰ Δἱ', ἔφη ὁ Ἰσχόμαχος καὶ δηχθεῖσάν γε οἶδα αὐτὴν καὶ ἐρυθριάσασαν σφόδρα ὅτι τῶν εἰσενεχθέντων τι αἰ- τήσαντος ἐμοῦ οὐκ εἶχέ μοι δοῦναι. Καὶ ἐγὼ μέντοι ἰδὼν ἀχθεσθεῖσαν αὐτὴν εἶπον·

Μηδέν τι ἔφην ἀθυμήσῃς, ὦ γύναι, ὅτι οὐκ ἔχεις δοῦναι ὃ σε αἰτῶν τυγχάνω. Ἔστι μὲν γὰρ πενία αὕτη σαφὴς, τὸ δεόμενόν τινος μὴ ἔχειν χρῆσθαι· ἀλυποτέρα δὲ αὕτη ἡ ἔνδεια τὸ ζητοῦντά τι μὴ δύνασθαι λαβεῖν ἢ τὴν ἀρχὴν μηδὲ ζητεῖν εἰδότα ὅτι οὐκ ἔστιν. Ἀλλὰ γὰρ ἔφην ἐγὼ τούτων οὐ σὺ αἰτία· ἀλλ' ἐγὼ οὐ τάξας σοι παρέδωκα ὅπου χρὴ ἕκαστα κεῖσθαι, ὅπως εἰδῇς ὅπου τε δεῖ τιθέναι καὶ ὁπόθεν λαμβάνειν. Ἔστι δ' οὐδὲν οὕτως, ὦ γύναι, οὔτ' εὔχρηστον οὔτε καλὸν ἀνθρώ- ποις ὡς τάξις. Καὶ γὰρ χορὸς ἐξ ἀνθρώπων συγκείμενός ἐστιν· ἀλλ' ὅταν μὲν ποιῶσιν ὅ τι ἂν τύχῃ ἕκαστος, ταραχή τις φαίνεται καὶ θεᾶσθαι ἀτερπές, ὅταν δὲ τεταγμένως ποιῶσι καὶ φθέγγων- ται, ἅμα οἱ αὐτοὶ οὗτοι καὶ ἀξιοθέατοι δοκοῦσιν εἶναι καὶ ἀξιά- κουστοι. Καὶ στρατιά γε, ἔφην ἐγὼ ὦ γύναι, ἄτακτος μὲν οὖσα ταραχωδέστατον, καὶ τοῖς μὲν πολεμίοις εὐχειρωτότατον, τοῖς δὲ φίλοις ἀηδέστατον ὁρᾶν καὶ ἀχρηστότατον, ὄνος ὁμοῦ, ὁπλίτης, σκευοφόρος, ψιλὸς, ἱππεὺς, ἅμαξα. Πῶς γὰρ ἂν πορευθεῖεν, ἐὰν ἔχοντες οὕτως ἐπικωλύσωσιν ἀλλήλους, ὁ μὲν βαδίζων τὸν τρέχοντα, ὁ δὲ τρέχων τὸν ἑστηκότα, ἡ δὲ ἅμαξα τὸν ἱππέα, ὁ δὲ ὄνος τὴν ἅμαξαν, ὁ δὲ σκευοφόρος τὸν ὁπλίτην; Εἰ δὲ καὶ μάχεσθαι δέοι, πῶς ἂν οὕτως ἔχοντες μαχέσαιντο; οἷς γὰρ ἀνάγκη αὐτῶν τοὺς ἐπιόντας φεύγειν, οὗτοι ἱκανοί εἰσι φεύ- γοντες καταπατῆσαι τοὺς ὅπλα ἔχοντας. Τεταγμένη δὲ στρατιὰ

Tel est, Socrate, si j'ai bonne mémoire, mon premier entretien avec ma femme.

VIII

S. Mais as-tu remarqué, Ischomachus, lui dis-je, que cet entretien ait fait assez d'impression sur elle pour augmenter sa vigilance?

I. Oui, par Jupiter! répondit Ischomachus; je la vis même un jour fort mortifiée et toute rougissante de n'avoir pu me donner sur ma demande un des objets apportés à la maison. Aussi, remarquant son chagrin :

M. Femme, lui dis-je, ne t'afflige point de ne pouvoir me donner ce que je te demande en ce moment. C'est assurément la pauvreté même que de n'avoir pas à son usage ce dont on a besoin; mais c'est une privation moins pénible de chercher sans trouver que de ne pas chercher du tout, parce qu'on sait ne rien avoir. Au reste, ajoutai-je, ce n'est point ta faute, mais la mienne, parce qu'en te livrant ma maison je n'ai pas eu soin de ranger les objets à une place fixe, de telle sorte que tu connusses bien l'endroit où il fallait les placer et les prendre. Or il n'est rien de plus beau, femme, rien de plus utile pour les hommes que l'ordre. Un chœur est une réunion d'hommes. Que chacun prétende y faire ce qu'il lui plaît, quelle confusion, quel spectacle désagréable! Mais si tous exécutent avec ensemble les mouvements et les chants, quel charme pour les yeux et pour les oreilles! Il en est de même d'une armée indisciplinée : c'est un immense pêle-mêle, une proie facile pour l'ennemi, un coup d'œil désolant pour les amis; une confusion stérile d'ânes, d'hoplites, de fourgons, de troupes légères, de cavalerie, de chariots. Car comment marcher en avant, quand tous s'embarrassent les uns dans les autres, celui qui marche avec celui qui court, celui qui court avec celui qui reste en place, le chariot dans le cavalier, l'âne dans le chariot, le skeuophore dans l'hoplite? S'il faut combattre, le moyen de le faire en pareil désarroi? Ceux qui se voient contraints de fuir devant une attaque, sont capables de culbuter dans leur fuite ceux qui ont des armes. Au contraire, une armée bien rangée

κάλλιστον μὲν ἰδεῖν τοῖς φίλοις, δυσχερέστατον δὲ τοῖς πολεμίοις.
Τίς μὲν γὰρ οὐκ ἂν φίλος ἡδέως θεάσαιτο ὁπλίτας πολλοὺς ἐν
τάξει πορευομένους, τίς δ' οὐκ ἂν θαυμάσειεν ἱππέας κατὰ τάξεις
ἐλαύνοντας, τίς δ' οὐκ ἂν πολέμιος φοβηθείη ἰδὼν διηυκρινημέ-
νους ὁπλίτας, ἱππέας, πελταστάς, τοξότας, σφενδονήτας, καὶ
τοῖς ἄρχουσι τεταγμένως ἑπομένους; Ἀλλὰ καὶ πορευομένων
ἐν τάξει, κἂν πολλαὶ μυριάδες ὦσιν, ὁμοίως, ὥσπερ εἷς ἕκαστος,
καθ' ἡσυχίαν πάντες πορεύονται· εἰς γὰρ τὸ κενούμενον ἀεὶ οἱ
ὄπισθεν ἐπέρχονται. Καὶ τριήρης δέ τοι ἡ σεσαγμένη ἀνθρώπων διὰ τί ἄλλο φοβερόν ἐστι πολεμίοις ἢ φίλοις ἀξιοθέατον
ἢ ὅτι ταχὺ πλεῖ; Διὰ τί δὲ ἄλλο ἄλυποι ἀλλήλοις εἰσὶν οἱ ἐμ-
πλέοντες ἢ διότι ἐν τάξει μὲν κάθηνται, ἐν τάξει δὲ προνεύουσιν,
ἐν τάξει δ' ἀναπίπτουσιν, ἐν τάξει δ' ἐμβαίνουσι καὶ ἐκβαίνουσιν; Ἡ δ' ἀταξία ὅμοιόν τί μοι δοκεῖ εἶναι οἷόνπερ εἰ
γεωργὸς ὁμοῦ ἐμβάλοι κριθὰς καὶ πυροὺς καὶ ὄσπρια· κἄπειτα,
ὁπότε δέοι ἢ μάζης ἢ ἄρτου ἢ ὄψου[1], διαλέγειν δέοι αὐτῷ
ἀντὶ τοῦ λαβόντα διηυκρινημένοις χρῆσθαι. Καὶ σὺ οὖν, ὦ γύναι, εἰ τοῦ μὲν ταράχου τούτου μὴ δέοιο, βούλοιο δ' ἀκριβῶς
διοικεῖν τὰ ὄντα εἰδέναι, καὶ, τῶν ὄντων εὐπόρως λαμβάνουσα
ὅτῳ ἂν δέῃ χρῆσθαι, καὶ ἐμοί, ἐάν τι αἰτῶ, ἐν χάριτι διδόναι,
χώραν τε δοκιμασώμεθα τὴν προσήκουσαν ἑκάστοις ἔχειν καὶ,
ἐν ταύτῃ θέντες, διδάξωμεν τὴν διάκονον λαμβάνειν τε ἐντεῦθεν
καὶ κατατιθέναι πάλιν εἰς ταύτην· καὶ οὕτως εἰσόμεθα τά τε
σᾶ ὄντα καὶ τὰ μή· ἡ γὰρ χώρα αὐτὴ τὸ μὴ ὂν ποθήσει,
καὶ τὸ δεόμενον θεραπείας ἐξετάσει ἡ ὄψις, καὶ τὸ εἰδέναι ὅπου
ἕκαστόν ἐστι ταχὺ ἐγχειριεῖ, ὥστε μὴ ἀπορεῖν χρῆσθαι.

Καλλίστην δέ ποτε καὶ ἀκριβεστάτην ἔδοξα σκευῶν τάξιν
ἰδεῖν, ὦ Σώκρατες, εἰσβὰς ἐπὶ θέαν εἰς τὸ μέγα πλοῖον τὸ
Φοινικικόν[2]. Πλεῖστα γὰρ σκεύη ἐν σμικροτάτῳ ἀγγείῳ δια-
κεχωρισμένα ἐθεασάμην. Διὰ πολλῶν μὲν γὰρ δήπου ἔφη
ξυλίνων σκευῶν[3] καὶ πλεκτῶν ὁρμίζεται ναῦς καὶ ἀνάγεται,
διὰ πολλῶν δὲ τῶν κρεμαστῶν καλουμένων πλεῖ, πολλοῖς δὲ

est le plus beau des spectacles pour des amis, le plus redou-
table pour des ennemis. Quel ami n'admirerait volontiers de nombreux hoplites marchant en bon ordre ? qui n'admirerait des cavaliers galopant en escadrons bien formés ? Quel ennemi ne tremblerait
pas en voyant hoplites, cavaliers, peltastes, archers, frondeurs,
tous distribués en corps distincts, et suivant en rang leurs officiers ? Quand une armée s'avance en si bel ordre, y eût-il plusieurs myriades de soldats, tous marchent aisément comme un
seul homme, les derniers remplissant successivement le vide laissé
par les premiers. Pourquoi une galère chargée d'hommes fait-elle
trembler l'ennemi, tandis qu'elle offre un spectacle agréable à des
amis, si ce n'est parce qu'elle navigue avec vitesse ? Et pourquoi les
navigateurs ne se gênent-ils pas les uns les autres, si ce n'est parce
que chacun est assis en ordre, se couche en ordre sur sa rame,
la retire en ordre, s'embarque et débarque en ordre ? Je crois
me former une juste idée du désordre, quand je me représente
un laboureur serrant pêle-mêle de l'orge, du froment, des lé-
gumes, et obligé ensuite, s'il veut un gâteau, du pain, un
plat, de faire un triage qu'il devrait trouver tout fait au besoin. Ainsi, femme, si tu veux éviter une semblable confusion, savoir bien administrer notre ménage, trouver sans peine
ce qui est nécessaire, et à moi m'offrir avec grâce ce que
je pourrai te demander, choisissons une place convenable pour
chaque chose ; et, chaque chose étant mise en place, indiquons à la femme de charge où elle doit la prendre et la remettre.
Par là, nous saurons ce qui est perdu et ce qui ne l'est pas. En
effet, la place elle-même aura l'air de regretter ce qui manque,
la vue cherchera ce qui réclame nos soins, et la connaissance
de la place réservée à chaque objet nous le mettra si vite sous
la main, que nous ne serons jamais pris au dépourvu.

La plus belle et la plus régulière ordonnance que je crois
avoir jamais vue, Socrate, est celle qui frappa mes regards en
montant sur ce grand vaisseau phénicien. Une foule d'objets,
rassemblés dans un fort petit coin, s'offrirent à mes yeux.
Il faut une quantité d'agrès en bois et de cordages dans un
vaisseau pour le faire entrer au port ou prendre le large ;
il ne vogue qu'à l'aide d'un grand nombre de voiles ; il lui

μηχανήμασιν ἀνθώπλισται πρὸς τὰ πολέμια πλοῖα, πολλὰ
δὲ ὅπλα τοῖς ἀνδράσι συμπεριάγει, πάντα δὲ σκεύη ὅσοισπερ
ἐν οἰκίᾳ χρῶνται ἄνθρωποι τῇ συσσιτίᾳ ἑκάστῃ κομίζει· γέ-
μει δὲ παρὰ πάντα φορτίων ὅσα ναύκληρος κέρδους ἕνεκα
ἄγεται. Καὶ ὅσα λέγω ἔφη ἐγὼ, πάντα οὐκ ἐν πολλῷ τινι
μείζονι χώρᾳ ἔκειτο ἢ ἐν δεκακλίνῳ στέγῃ συμμέτρῳ. Καὶ
οὕτω κείμενα ἕκαστα κατενόησα ὡς οὔτε ἄλληλα ἐμποδίζει οὔτε
μαστευτοῦ δεῖται οὔτε ἀσυσκεύαστά ἐστιν οὔτε δυσλύτως ἔχει,
ὥστε διατριβὴν παρέχειν, ὅταν τῳ ταχὺ δέῃ χρῆσθαι. Τὸν δὲ
τοῦ κυβερνήτου διάκονον, ὃς πρωρεὺς τῆς νεὼς καλεῖται,
οὕτως ηὗρον ἐπιστάμενον ἑκάστων τὴν χώραν ὡς καὶ ἀπὼν ἂν
εἴποι ὅπου ἕκαστα κεῖται καὶ ὁπόσα ἐστίν, οὐδὲν ἧττον ἢ
ὁ γράμματα ἐπιστάμενος εἴποι ἂν Σωκράτους καὶ ὁπόσα
γράμματα καὶ ὅπου ἕκαστον τέτακται. Εἶδον δὲ ἔφη ὁ Ἰσχόμαχος καὶ ἐξετάζοντα τοῦτον αὐτὸν ἐν τῇ σχολῇ πάντα ὁπόσοις ἄρα δεῖ ἐν τῷ πλῷ χρῆσθαι. Θαυμάσας δὲ ἔφη τὴν
ἐπίσκεψιν αὐτοῦ ἠρόμην τί πράττοι. Ὁ δ' εἶπεν· «Ἐπισκοπῶ,
ἔφη, ὦ ξένε, εἴ τι συμβαίνοι γίγνεσθαι, πῶς κεῖται ἔφη τὰ
ἐν τῇ νηὶ, εἴ τι ἀποστατεῖ ἢ εἰ δυστραπέλως τι σύγκειται.
Οὐ γὰρ ἔφη ἐγχωρεῖ, ὅταν χειμάζῃ ὁ θεὸς ἐν τῇ θαλάττῃ,
οὔτε μαστεύειν ὅτου ἂν δέῃ οὔτε δυστραπέλως ἔχον διδόναι.
Ἀπειλεῖ γὰρ ὁ θεὸς καὶ κολάζει τοὺς βλᾶκας· ἐὰν δὲ μόνον
μὴ ἀπολέσῃ τοὺς μὴ ἁμαρτάνοντας, πάνυ ἀγαπητόν· ἐὰν δὲ
καὶ πάνυ καλῶς ὑπηρετοῦντας σώζῃ, πολλὴ χάρις, ἔφη, τοῖς
θεοῖς[1].»

Ἐγὼ οὖν κατιδὼν ταύτην τὴν ἀκρίβειαν τῆς κατασκευῆς ἔλεγον τῇ γυναικὶ ὅτι Πάνυ ἂν ἡμῶν εἴη βλακικὸν, εἰ οἱ μὲν ἐν τοῖς
πλοίοις καὶ μικροῖς οὖσι χώρας εὑρίσκουσι, καὶ σαλεύοντες ἰσχυρῶς ὅμως σώζουσι τὴν τάξιν, καὶ ὑπερφοβούμενοι ὅμως εὑρίσκουσι τὸ δέον λαμβάνειν, ἡμεῖς δὲ καὶ διῃρημένων ἑκάστοις
θηκῶν ἐν τῇ οἰκίᾳ μεγάλων καὶ βεβηκυίας τῆς οἰκίας ἐν δαπέδῳ,
μὴ εὑρήσομεν καλὴν καὶ εὐσύρετον χώραν ἑκάστοις αὐτῶν.

faut l'armure de plusieurs machines pour se défendre contre les vaisseaux ennemis: sans parler des armes des troupes, il porte, pour chaque groupe de convives, tous les meubles nécessaires aux hommes dans leur maison: il est chargé de toutes les marchandises que le pilote transporte à son profit. Eh bien, tout ce que je viens de dire n'occupait que la place d'une salle ordinaire à dix lits. Je remarquai que tous ces effets étaient si bien placés, qu'ils ne s'embarrassaient pas les uns dans les autres, qu'il n'y avait pas besoin d'une personne préposée à leur recherche, qu'ils n'étaient pas confondus de manière à ne pouvoir être détachés et à faire perdre du temps sitôt qu'on voudrait s'en servir. Le second du pilote, qu'on appelle le commandant de la proue, me parut connaître si bien la place de chaque objet, que, même absent, il eût pu faire l'énumération de tout et indiquer la place de chaque chose aussi facilement qu'un homme qui connaît ses lettres dirait celles qui entrent dans le nom de Socrate et la place de chacune. J'ai vu, continua Ischomachus, ce même commandant, à ses heures de loisir, faire l'inspection de tous les effets nécessaires dans un vaisseau. Surpris de ce soin extrême, je lui demandai ce qu'il faisait. Il me répondit: « J'examine, étranger, en cas d'accidents, l'état du vaisseau, s'il y a quelque chose de dérangé ou de difficile à manœuvrer. Car si la divinité envoie une tempête sur la mer, ce n'est pas le moment de chercher ce qu'il faut, ni de fournir un mauvais équipement. La divinité menace alors et punit les lâches: si elle est assez bonne pour ne pas perdre des hommes qui ne sont pas essentiellement coupables, il faut lui en savoir gré; et si elle protége et sauve ceux qui n'ont rien négligé, il faut avoir pour les dieux la plus profonde reconnaissance. »

Pour moi, lorsque j'eus admiré cette disposition si régulière, je dis à ma femme que ce serait de notre part une extrême indolence, si, quand dans un navire, tout étroit qu'il est, on trouve de la place; quand, malgré la violence des tempêtes, on conserve cependant le bon ordre; quand, malgré la crainte, on trouve cependant tout ce dont on a besoin, nous, qui avons chez nous d'amples celliers, distincts les uns des autres, et dont la maison est solidement établie sur le sol, nous n'assignions pas aux objets une place convenable et facile à trouver.

Ὡς μὲν δὴ ἀγαθὸν τετάχθαι σκευῶν κατασκευὴν, καὶ ὡς ῥᾴδιον χώραν ἑκάστοις αὐτῶν εὑρεῖν ἐν οἰκίᾳ καὶ θεῖναι ὡς ἑκάστοις συμφέρει, εἴρηται· ὡς δὲ καλὸν φαίνεται, ἐπειδὰν ὑποδήματα ἐφεξῆς κέηται, κἂν ὁποῖα ᾖ, καλὸν δὲ ἱμάτια κεχωρισμένα ἰδεῖν, κἂν ὁποῖα ᾖ, καλὸν δὲ στρώματα, καλὸν δὲ χαλκία, καλὸν δὲ τὰ ἀμφὶ τραπέζας καλὸν δὲ καὶ — ὃ πάντων καταγελάσειεν ἂν μάλιστα οὐχ ὁ σεμνὸς, ἀλλ' ὁ κομψὸς, ὅτι καὶ χύτρας φημὶ εὔρυθμον φαίνεσθαι εὐκρινῶς κειμένας. Τὰ δὲ ἄλλα ἤδη που ἀπὸ τούτου ἅπαντα καλλίω φαίνεται. Χορὸς γὰρ σκευῶν ἕκαστα φαίνεται κατὰ κόσμον κείμενα. Καὶ τὸ μέσον δὲ τούτων καλὸν φαίνεται, ἐκποδὼν ἑκάστου κειμένου· ὥσπερ κύκλιος χορὸς [1] οὐ μόνον αὐτὸς καλὸν θέαμά ἐστιν, ἀλλὰ καὶ τὸ μέσον αὐτοῦ καλὸν καὶ καθαρὸν φαίνεται. Εἰ δ' ἀληθῆ ταῦτα λέγω, ἔξεστιν, ἔφην ὦ γύναι, καὶ πεῖραν λαμβάνειν αὐτῶν οὔτε τι ζημιωθέντας οὔτε πολλὰ πονήσαντας. Ἀλλὰ μὴν οὐδὲ τοῦτο δεῖ ἀθυμῆσαι, ὦ γύναι, ἔφην ἐγὼ ὡς χαλεπὸν εὑ- ρεῖν τὸν μαθησόμενόν τε τὰς χώρας καὶ μεμνησόμενον κατα- χωρίζειν ἕκαστα. Ἴσμεν γὰρ δήπου ὅτι μυριοπλάσια ἡμῶν [2] ἅπαντα ἔχει ἡ πᾶσα πόλις, ἀλλ' ὅμως ὁποῖον ἂν τῶν οἰκετῶν κελεύσῃς πριάμενόν τί σοι ἐξ ἀγορᾶς ἐνεγκεῖν, οὐδεὶς ἀπορήσει, ἀλλὰ πᾶς εἰδὼς φανεῖται ὅποι χρὴ ἐλθόντα λαβεῖν ἕκαστα. Τούτου μέντοι ἔφην ἐγὼ οὐδὲν ἄλλο αἴτιόν ἐστιν ἢ ὅτι ἐν χώρᾳ κεῖται τεταγμένη. Ἄνθρωπον δέ γε ζητῶν, καὶ ταῦτα ἐνίοτε ἀντι- ζητοῦντα, πολλάκις ἂν τις πρότερον πρὶν εὑρεῖν ἀπείποι. Καὶ τούτου αὖ οὐδὲν ἄλλο αἴτιόν ἐστιν ἢ τὸ μὴ εἶναι τετα- γμένον ὅπου ἕκαστον δεῖ ἀναμένειν.

Περὶ μὲν δὴ τάξεως σκευῶν καὶ χρήσεως τοιαῦτα αὐτῇ διαλεχθεὶς δοκῶ μεμνῆσθαι.

IX

Σ. Καὶ τί δή; ἡ γυνὴ ἐδόκει σοι, ἔφην ἐγὼ ὦ Ἰσχόμαχε, πῶς τι ὑπακούειν ὧν σὺ ἐσπούδαζες διδάσκων;

L'avantage qu'on rencontre à bien ranger les objets, la facilité qu'on trouve à leur assigner une place convenable, nous venons de le dire. Mais la belle chose à voir que des chaussures bien rangées de suite et selon leur espèce; la belle chose que des vêtements séparés, suivant leur usage; la belle chose que des couvertures ; la belle chose que des vases d'airain ; la belle chose que des ustensiles de table ; la belle chose, enfin, malgré le ridicule qu'y trouverait un écervelé et non point un homme grave, la belle chose, dis-je, que de voir des marmites rangées avec intelligence et avec symétrie ! Oui, tous les objets sans exception, grâce à la symétrie, paraissent plus beaux encore, quand ils sont disposés avec ordre. Tous ces ustensiles semblent former un chœur : le centre que concourent à former les objets compose une beauté que rehausse la distance des autres; c'est ainsi qu'un chœur circulaire n'offre pas seulement par lui-même un beau spectacle, mais le centre qu'il forme paraît beau et net aux regards. La vérité de ce que je dis, femme, nous pouvons en faire l'épreuve sans risque et sans peine. Mais ne va pas non plus te décourager, ajoutai-je, en croyant qu'il sera difficile de trouver quelqu'un en état d'apprendre la place de chaque meuble et de se rappeler où il l'aura mis. Nous savons, en effet, qu'il y a dans toute la ville dix mille fois plus d'objets que chez nous : cependant, si tu dis à tel esclave d'aller faire une emplette au marché et de te l'apporter, aucun ne sera embarrassé, tous sauront où il faut aller et prendre n'importe quel objet. Et la cause en est, dis-je encore, que chaque chose est placée en son lieu. Cependant qu'un homme en cherche un autre, qui souvent même le cherchera de son côté, il désespérera de pouvoir jamais le rencontrer. La raison en est simple, c'est qu'ils ne sont point convenus du point où ils se rejoindraient.

Tel est, au sujet de l'ordre de nos effets et de leur usage, l'entretien que j'eus avec ma femme si ma mémoire ne me trahit point.

IX

8. Eh bien, Ischomachus, lui dis-je, ta femme parut-elle faire attention aux leçons que tu avais à cœur de lui donner ?

I. Τί δὲ, εἰ μὴ ὑπισχνεῖτό γε ἐπιμελήσεσθαι καὶ φανερὰ
ἦν ἡδομένη ἰσχυρῶς, ὥσπερ ἐξ ἀμηχανίας εὐπορίαν τινὰ ηὑρη-
κυῖα, καὶ ἐδεῖτό μου ὡς τάχιστα ᾗπερ ἔλεγον διατάξαι.

Σ. Καὶ πῶς δὴ ἔφην ἐγὼ ὦ Ἰσχόμαχε, διέταξας αὐτῇ;

I. Τί δὲ, εἰ μὴ τῆς οἰκίας τὴν δύναμίν γ' ἔδοξέ μοι πρῶτον ἐπιδεῖξαι αὐτῇ; Οὐ γὰρ ποικίλμασι κεκόσμηται, ὦ Σώκρατες, ἀλλὰ
τὰ οἰκήματα ᾠκοδόμηται πρὸς αὐτὸ τοῦτο ἐσκεμμένα ὅπως ἀγ-
γεῖα ὡς συμφορώτατα ᾖ τοῖς μέλλουσιν ἐν αὐτοῖς ἔσεσθαι, ὥστε
αὐτὰ ἐκάλει τὰ πρέποντα ἐνὶ ἑκάστῳ. Ὁ μὲν γὰρ θάλαμος ἐν
ὀχυρῷ ὢν τὰ πλείστου ἄξια καὶ στρώματα καὶ σκεύη παρεκά-
λει, τὰ δὲ ξηρὰ τῶν στεγνῶν τὸν σῖτον, τὰ δὲ ψυχεινὰ τὸν οἶνον,
τὰ δὲ φανὰ ὅσα φάους δεόμενα ἔργα τε καὶ σκεύη ἐστί. Καὶ διαι-
τητήρια δὲ τοῖς ἀνθρώποις ἐπεδείκνυον αὐτῇ κεκαλλωπισμένα
τοῦ μὲν θέρους ψυχεινά, τοῦ δὲ χειμῶνος ἀλεεινά. Καὶ σύμπασαν
δὲ τὴν οἰκίαν ἐπέδειξα αὐτῇ ὅτι πρὸς μεσημβρίαν ἀναπέπταται.
ὥστε εὔδηλον εἶναι ὅτι χειμῶνος μὲν εὐείλός ἐστι, τοῦ δὲ θέρους
εὔσκιος. Ἔδειξα δὲ καὶ τὴν γυναικωνῖτιν αὐτῇ, θύρᾳ βαλανωτῇ ²
ὡρισμένην ἀπὸ τῆς ἀνδρωνίτιδος, ἵνα μήτε ἐκφέρηται ἔνδοθεν
ᾗ τι μὴ δεῖ, μήτε τεκνοποιῶνται οἱ οἰκέται ἄνευ τῆς ἡμετέρας
γνώμης. Οἱ μὲν γὰρ χρηστοὶ παιδοποιησάμενοι εὐνούστεροι ὡς
ἐπὶ τὸ πολὺ, οἱ δὲ πονηροὶ συζυγέντες εὐπορώτεροι πρὸς τὸ
κακουργεῖν γίγνονται. Ἐπεὶ δὲ ταῦτα διήλθομεν, ἔφη οὕτω δὴ
κατὰ φυλὰς διεκρίνομεν τὰ ἔπιπλα. Ἠρχόμεθα δὲ πρῶτον ἔφη
ἀθροίζοντες οἷς ἀμφὶ θυσίας χρώμεθα. Μετὰ ταῦτα κόσμον
γυναικὸς τὸν εἰς ἑορτὰς διῃροῦμεν, ἐσθῆτα ἀνδρὸς τὴν εἰς ἑορ-
τάς καὶ πόλεμον, καὶ στρώματα ἐν γυναικωνίτιδι, στρώματα
ἐν ἀνδρωνίτιδι, ὑποδήματα γυναικεῖα, ὑποδήματα ἀνδρεῖα·
ὅπλων ἄλλη φυλή, ἄλλη ταλασιουργικῶν ὀργάνων· ἄλλη σιτο-
ποιικῶν, ἄλλη ὀψοποιικῶν, ἄλλη τῶν ἀμφὶ λουτρόν, ἄλλη
ἀμφὶ μάκτρας, ἄλλη ἀμφὶ τραπέζας· καὶ ταῦτα πάντα διεχω-
ρίσαμεν, οἷς τε ἀεὶ δεῖ χρῆσθαι, καὶ τὰ θοινητικά. Χωρὶς δὲ
καὶ τὰ κατὰ μῆνα δαπανώμενα ἀφείλομεν, δίχα δὲ καὶ τὰ εἰς

I. Pouvait-elle faire autrement que de me promettre tous ses soins et de laisser éclater toute la vivacité de sa joie en trouvant la facilité au sortir de l'embarras? Aussi me pria-t-elle de ranger tout au plus tôt comme je l'avais dit.

S. Et comment, Ischomachus, lui dis-je, fis-tu pour elle ce rangement?

I. Comment le faire mieux qu'en lui montrant d'abord tout le parti qu'elle pouvait tirer de la maison? En effet, Socrate, cette maison ne brille point par les ornements; mais les différentes pièces en sont distribuées dans la prévision que chaque objet y soit mis dans la place la plus avantageuse qu'il puisse occuper, de telle sorte qu'on eût dit que chaque lieu appelait l'objet qui lui convenait. La chambre nuptiale, qui est dans la partie la plus sûre du logis, demandait naturellement ce qu'il y a de plus précieux en tapis et en meubles; la partie la plus sèche voulait le blé, la plus fraîche le vin, la plus claire les travaux et les objets qui exigent de la lumière. Je lui montrai ensuite les appartements réservés aux hommes : ce corps de logis plein d'ornements est frais l'été et chaud l'hiver ; je lui fis remarquer aussi que la maison s'ouvrait au midi, de manière à avoir évidemment du soleil en hiver et de l'ombre en été. Je lui fis voir après que le gynécée est séparé de l'appartement des hommes par une porte fermée à clef, de peur que l'on ne sortît rien de prohibé, et que nos esclaves ne fissent des enfants à notre insu. Car, si les bons domestiques auxquels il vient de la famille redoublent ordinairement de bons sentiments envers nous, les mauvais, en se multipliant, acquièrent de nouveaux moyens de nuire. Après cette inspection, continua Ischomachus, nous faisons un triage par groupes de tous nos effets. Nous commençons par réunir tout ce qui est utile aux sacrifices, puis les parures de femme pour les jours de fête, et les habits d'homme pour les fêtes et pour la guerre ; tapis pour le gynécée, tapis pour l'appartement des hommes, chaussures d'homme et chaussures de femme : dans un groupe les armes ; dans un autre les instruments pour le lainage ; dans celui-ci les ustensiles de boulangerie ; dans celui-là ceux de cuisine ; ici tout ce qui sert au bain, là tout ce qui concerne la pâtisserie et la table ; le tout divisé suivant l'usage journalier ou le service des galas. Nous séparons également les provisions affectées au mois et celles qui, d'après ce

ἐνιαυτὸν ἀπολελογισμένα κατέθεμεν· οὕτω γὰρ ἧττον λανθάνει
ὅπως πρὸς τὸ τέλος ἐκβήσεται. Ἐπεὶ δὲ ἐχωρίσαμεν πάντα
κατὰ φυλὰς τὰ ἔπιπλα, εἰς τὰς χώρας τὰς προσηκούσας ἕκαστα
διηνέγκαμεν. Μετὰ δὲ τοῦτο ὅσοις μὲν τῶν σκευῶν καθ' ἡμέραν
χρῶνται οἱ οἰκέται, οἷον σιτοποιικοῖς, ὀψοποιικοῖς, ταλασιουργι-
κοῖς, καὶ εἴ τι ἄλλο τοιοῦτον, ταῦτα μὲν αὐτοῖς τοῖς χρωμένοις
δείξαντες ὅπου δεῖ τιθέναι, παρεδώκαμεν καὶ ἐπετάξαμεν σᾶ
παρέχειν· ὅσοις δ' εἰς ἑορτὰς ἢ ξενοδοκίας χρώμεθα ἢ εἰς τὰς
διὰ χρόνου πράξεις, ταῦτα δὲ τῇ ταμίᾳ παρεδώκαμεν, καὶ
δείξαντες τὰς χώρας αὐτῶν καὶ ἀπαριθμήσαντες καὶ γραψάμε-
νοι ἕκαστα, εἴπομεν αὐτῇ διδόναι τούτων ὅτῳ δέοι ἕκαστον,
καὶ μεμνῆσθαι ὅ τι ἄν τῳ διδῷ, καὶ ἀπολαμβάνουσαν κατατιθέναι πάλιν ὅθενπερ ἂν ἕκαστα λαμβάνῃ.

Τὴν δὲ ταμίαν ἐποιησάμεθα ἐπισκεψάμενοι ἥτις ἡμῖν ἐδόκει εἶναι ἐγκρατεστάτη καὶ γαστρὸς καὶ οἴνου καὶ ὕπνου καὶ
ἀνδρῶν συνουσίας, πρὸς τούτοις δὲ ἣ τὸ μνημονικὸν μάλιστα
ἐδόκει ἔχειν, καὶ τὸ προνοεῖν μή τι κακὸν λάβῃ παρ' ἡμῶν
ἀμελοῦσα, καὶ σκοπεῖν ὅπως χαριζομένη τι ἡμῖν ὑφ' ἡμῶν
ἀντιτιμήσεται. Ἐδιδάσκομεν δὲ αὐτὴν καὶ εὐνοϊκῶς ἔχειν πρὸς
ἡμᾶς, ὅτ' εὐφραινοίμεθα, τῶν εὐφροσυνῶν μεταδιδόντες, καὶ εἴ
τι λυπηρὸν εἴη, εἰς ταῦτα παρακαλοῦντες. Καὶ τὸ προθυ-
μεῖσθαι δὲ συναύξειν τὸν οἶκον ἐπαιδεύομεν αὐτήν, ἐπιγιγνώ-
σκειν αὐτὴν ποιοῦντες καὶ τῆς εὐπραγίας αὐτῇ μεταδιδόντες.
Καὶ δικαιοσύνην δ' αὐτῇ ἐνεποιοῦμεν, τιμιωτέρους τιθέντες τοὺς
δικαίους τῶν ἀδίκων καὶ ἐπιδεικνύοντες πλουσιώτερον καὶ ἐλευ-
θεριώτερον βιοτεύοντας τῶν ἀδίκων· καὶ αὐτὴν δὲ ἐν ταύτῃ τῇ
χώρᾳ κατετάττομεν. Ἐπὶ δὲ τούτοις πᾶσιν εἶπον, ἔφη ὦ
Σώκρατες, ἐγὼ τῇ γυναικὶ ὅτι πάντων τούτων οὐδὲν ὄφελος,
εἰ μὴ αὐτὴ ἐπιμελήσεται ὅπως διαμενεῖ ἑκάστῳ ἡ τάξις. Ἐδίδασκον δὲ αὐτὴν ὅτι καὶ ἐν ταῖς εὐνομουμέναις πόλεσιν οὐκ
ἀρκεῖν δοκεῖ τοῖς πολίταις, ἣν νόμους καλοὺς γράψωνται, ἀλλὰ
καὶ νομοφύλακας προσαιροῦνται, οἵτινες ἐπισκοποῦντες τὸν μὲν

calcul, doivent durer l'année : excellent moyen de savoir au juste jusqu'où elles conduisent. Après ce triage par groupes de nos effets, nous les faisons porter à la place qui leur convient ; puis les ustensiles qui doivent chaque jour servir aux esclaves, tels que ceux de boulangerie, de cuisine, de lainage, et autres semblables, nous en indiquons la place exacte aux gens qui doivent s'en servir, nous les leur livrons, et nous leur enjoignons de les bien conserver. Quant à ceux dont nous ne nous servons qu'aux jours de fête et de réception, ou dans des circonstances rares, nous les confions à l'intendante, nous lui montrons la place qu'ils doivent occuper, nous les comptons, et nous en gardons le nombre écrit, en lui commandant de ne donner à chaque domestique que le strict nécessaire, et de bien se rappeler ce qu'elle donnait, à qui elle donnait, et, quand on le lui rapportait, de le remettre où elle l'avait pris.

Nous établîmes intendante celle qui, après examen, nous parut la plus en garde contre la gourmandise, le vin, le sommeil, la hantise des hommes, douée en outre de la meilleure mémoire, et capable soit de prévoir les punitions que lui attirerait de notre part sa négligence, soit de songer aux moyens de nous plaire et de mériter des récompenses. Nous lui apprîmes à avoir de l'affection pour nous, en la faisant participer à notre joie, quand nous étions joyeux, à nos chagrins, quand nous en avions. Nous l'instruisîmes à désirer d'accroître notre fortune en lui faisant connaître notre position, et en partageant notre bonheur avec elle. Nous développâmes en elle le sentiment de la justice en plaçant dans notre estime l'homme juste au-dessus de l'injuste, en lui montrant que le premier vit plus riche et plus indépendant que l'autre : voilà le pied sur lequel nous l'avons mise dans notre maison. Après tout cela, Socrate, je dis à ma femme que tout cet appareil ne nous servirait de rien, si elle ne veillait point elle-même au maintien de l'ordre. Je lui appris que, dans les villes bien policées, les citoyens ne croient pas suffisant de se donner de bonnes lois ; ils choisissent pour conservateurs de ces lois des hommes qui, sentinelles vigilantes,

ποιοῦντα τὰ νόμιμα ἐπαινοῦσιν, ἦν δέ τις παρὰ τοὺς νόμους ποιῇ, ζημιοῦσι. Νομίσαι οὖν ἐκέλευον ἔφη τὴν γυναῖκα καὶ αὐτὴν νομοφύλακα τῶν ἐν τῇ οἰκίᾳ εἶναι, καὶ ἐξετάζειν δὲ, ὅταν δόξῃ αὐτῇ, τὰ σκεύη, ὥσπερ ὁ φρούραρχος τὰς φυλακὰς ἐξετά- ζει, καὶ δοκιμάζειν εἰ καλῶς ἕκαστον ἔχει, ὥσπερ ἡ βουλὴ ἵππους καὶ ἱππέας δοκιμάζει, καὶ ἐπαινεῖν δὲ καὶ τιμᾶν, ὥσπερ βασίλισσαν, τὸν ἄξιον ἀπὸ τῆς παρούσης δυνάμεως, καὶ λοι- δορεῖν καὶ κολάζειν τὸν τούτων δεόμενον. Πρὸς δὲ τούτοις ἐδίδα- σκον αὐτὴν ἔφη ὡς οὐκ ἂν ἄχθοιτο δικαίως εἰ πλείω αὐτῇ πράγματα προστάττω ἢ τοῖς οἰκέταις περὶ τὰ κτήματα, ἐπιδει- κνύων ὅτι τοῖς μὲν οἰκέταις μέτεστι τῶν δεσποσύνων χρημάτων τοσοῦτον ὅσον φέρειν ἢ θεραπεύειν ἢ φυλάττειν, χρῆσθαι δὲ οὐδενὶ αὐτῶν ἔξεστιν, ὅτῳ ἂν μὴ δῷ ὁ κύριος· δεσπότου δὲ ἅπαντά ἐστιν ὅ τι ἂν βούληται ἑκάστῳ χρῆσθαι. Ὅτῳ οὖν καὶ σωζομένων μεγίστη ὄνησις καὶ φθειρομένων μεγίστη βλάβη, τούτῳ καὶ τὴν ἐπιμέλειαν μάλιστα προσήκουσαν ἀπέφαινον.

Σ. Τί οὖν; ἔφην ἐγὼ ὦ Ἰσχόμαχε, ταῦτα ἀκούσασα ἡ γυνή πώς σοι ὑπήκουε;

Ι. Τί δὲ, ἔφη εἰ μὴ εἰπέ γέ μοι, ὦ Σώκρατες, ὅτι οὐκ ὀρθῶς γιγνώσκοιμι, εἰ οἰοίμην χαλεπὰ ἐπιτάττειν διδάσκων ὅτι ἐπιμελεῖσθαι δεῖ τῶν ὄντων. Χαλεπώτερον γὰρ ἂν, ἔφη φάναι εἰ αὐτῇ ἐπέταττον ἀμελεῖν τῶν ἑαυτῆς ἢ εἰ ἐπιμελεῖσθαι δεήσει τῶν οἰκείων ἀγαθῶν. Πεφυκέναι γὰρ δοκεῖ, ἔφη ὥσπερ καὶ τέκνων ῥᾷον τὸ ἐπιμελεῖσθαι τῇ σώφρονι τῶν ἑαυτῆς ἢ ἀμελεῖν, οὕτω καὶ τῶν κτημάτων, ὅσα ἴδια ὄντα εὐφραίνει, ἥδιον τὸ ἐπιμελεῖσθαι νομίζειν ἔφη εἶναι τῇ σώφρονι τῶν ἑαυτῆς ἢ ἀμελεῖν.

X

Καὶ ἐγὼ ἀκούσας, ἔφη ὁ Σωκράτης, ἀποκρίνασθαι τὴν γυ- ναῖκα αὐτῷ ταῦτα, εἶπον·

approuvent ceux qui les observent et punissent ceux qui les transgressent. Je recommandai à ma femme de se considérer comme la conservatrice des lois dans notre ménage, de passer, quand elle le jugerait bon, la revue de tout notre mobilier, comme un commandant de garnison passe la revue de ses troupes; d'examiner si chaque objet est en bon état, comme le sénat fait l'inspection des chevaux et des cavaliers; de louer et d'honorer, en sa qualité de reine, tout ce qui relève de son autorité; de gourmander et de punir tout ce qui en est digne. Je lui fis sentir encore qu'elle aurait tort de m'en vouloir de ce que je lui donnais dans notre ménage plus d'occupation qu'aux domestiques, attendu que ceux-ci ont en maniement les biens de leurs maîtres pour porter, soigner, garder, mais rien à leur usage, à moins d'une permission expresse : tandis qu'un maître peut user de tout ce qu'il possède comme il l'entend. Celui donc qui gagne le plus à ce que son avoir se conserve, et qui perd le plus à ce qu'il se détériore, est le plus intéressé à le surveiller : voilà ce que je lui fis comprendre.

S. Eh bien, repris-je, Ischomachus, ta femme, après t'avoir écouté, a-t-elle fait ce que tu désirais?

I. Socrate, reprit-il, qu'avait-elle à me répondre, sinon que j'aurais d'elle une fausse opinion, si je croyais qu'elle acceptât à regret les fonctions et les soins dont je lui faisais voir la nécessité? Elle ajouta que ce serait pour elle une peine beaucoup plus grande, si je lui enseignais de négliger son avoir au lieu de soigner notre bien commun. De même, dit-elle encore, qu'il est naturel et plus facile à une bonne mère de soigner ses enfants que de les abandonner, de même c'est un plaisir plus grand pour une femme raisonnable de prendre soin des provisions qui lui agréent que de les négliger.

X

En entendant, reprit Socrate, la réponse de la femme d'Ischomachus, je dis :

Σ. Νὴ τὴν Ἥραν, ἔφην ὦ Ἰσχόμαχε, ἀνδρικήν γε ἐπιδεικνύεις τὴν διάνοιαν τῆς γυναικός.

Ι. Καὶ ἄλλα τοίνυν, ἔφη ὁ Ἰσχόμαχος, θέλω σοι πάνυ μεγαλόφρονα αὐτῆς διηγήσασθαι, ἅ μου ἅπαξ ἀκούσασα ταχὺ ἐπείθετο.

Σ. Τὰ ποῖα; ἔφην ἐγώ· λέγε· ὡς ἐμοὶ πολὺ ἥδιον ζώσης ἀρετὴν γυναικὸς καταμανθάνειν ἢ εἰ Ζεῦξίς[1] μοι καλὴν εἰκάσας γραφῇ γυναῖκα ἐπεδείκνυεν.

Ἐντεῦθεν δὴ λέγει ὁ Ἰσχόμαχος·

Ι. Ἐγὼ τοίνυν ἔφη ἰδών ποτε αὐτὴν, ὦ Σώκρατες, ἐντετριμμένην πολλῷ μὲν ψιμυθίῳ[2] ὅπως λευκοτέρα ἔτι δοκοίη εἶναι ἢ ἦν, πολλῇ δ' ἐγχούσῃ[3], ὅπως ἐρυθροτέρα φαίνοιτο τῆς ἀληθείας, ὑποδήματα δ' ἔχουσαν ὑψηλὰ, ὅπως μείζων δοκοίη εἶναι ἢ ἐπεφύκει,

Εἰπέ μοι ἔφην ὦ γύναι, ποτέρως ἄν με κρίναις ἀξιοφίλητον μᾶλλον εἶναι χρημάτων κοινωνὸν, εἴ σοι αὐτὰ τὰ ὄντα ἀποδεικνύοιμι καὶ μήτε κομπάζοιμι ὡς πλείω τῶν ὄντων ἔστι μοι, μήτε ἀποκρυπτοίμην τῶν ὄντων μηδὲν, ἢ εἰ πειρῴμην τέ σε ἐξαπατᾶν λέγων ὡς πλείω ἔστι μοι τῶν ὄντων, ἐπιδεικνύς τε ἀργύριον κίβδηλον δολοίην σε καὶ ὅρμους ὑποξύλους καὶ πορφυρίδας ἐξιτήλους φαίην ἀληθινὰς εἶναι;

Καὶ ὑπολαβοῦσα εὐθύς·

ΓΥΝΗ. Εὐφήμει ἔφη· μὴ γένοιο σὺ τοιοῦτος· οὐ γὰρ ἂν ἔγωγέ σε δυναίμην, εἰ τοιοῦτος εἴης, ἀσπάσασθαι ἐκ τῆς ψυχῆς.

Ι. Οὐκοῦν ἔφην ἐγὼ συνεληλύθαμεν, ὦ γύναι, ὡς καὶ τῶν σωμάτων κοινωνήσοντες ἀλλήλοις;

ΓΥΝΗ. Φασὶ γοῦν ἔφη οἱ ἄνθρωποι.

Ι. Ποτέρως ἂν οὖν ἔφην ἐγὼ τοῦ σώματος αὖ δοκοίην εἶναι ἀξιοφίλητος μᾶλλον κοινωνός, εἴ σοι τὸ σῶμα πειρῴμην παρέχειν τὸ ἐμαυτοῦ ἐπιμελόμενος ὅπως ὑγιαῖνόν τε καὶ ἐρρωμένον ἔσται, καὶ διὰ ταῦτα τῷ ὄντι εὔχρως σοι ἔσομαι, ἢ εἰ

S. Par Junon! mon cher Ischomachus, voilà qui montre l'âme toute virile de ta femme.

I. Co n'est pas tout, répondit-il; je veux te raconter avec quelle résolution généreuse elle profita de mes avis.

S. Comment? lui dis-je; parle; pour ma part, j'éprouve beaucoup plus de plaisir à contempler la vertu d'une femme vivante, que si Zeuxis me faisait voir une belle femme créée par son pinceau.

Alors Ischomachus :

I. Un jour, Socrate, je la vis toute couverte de céruse, afin de paraître plus blanche qu'elle n'était, et de rouge, pour se donner un faux incarnat; elle avait des chaussures élevées, afin d'ajouter à sa taille.

Réponds-moi, femme, lui dis-je; me jugerais-tu plus digne de tendresse, moi qui vis en société de fortune avec toi, si je t'en faisais simplement l'exhibition, sans en rien surfaire, sans en rien déguiser, ou bien si je m'efforçais de te tromper en te disant que j'ai plus de bien que je n'en ai, en te montrant de l'argent de mauvais aloi, des colliers de bois recouverts en métal, de la pourpre de mauvais teint que je te donnerais pour vraie?

Elle alors reprenant aussitôt :

ELLE. Pas de mauvaises, de funestes paroles! puisses-tu ne jamais agir ainsi! car je ne pourrais plus, si tu faisais cela, t'aimer de toute mon âme.

M. Eh bien, femme, lui dis-je, en nous unissant ne nous sommes-nous pas fait un don mutuel de nos corps?

E. C'est ce que disent les hommes.

M. Me jugerais-tu plus digne de tendresse, moi qui vis en commerce charnel avec toi, si je m'efforçais de t'apporter un corps soigné, sain et fortifié par l'exercice, et si par conséquent je t'offrais une belle carnation, ou bien si, frotté de vermillon, avec une

σοι μίλτῳ¹ ἀλειφόμενος καὶ τοὺς ὀφθαλμοὺς ὑπαλειφόμενος ἀν-
δρεικέλῳ ἐπιδεικνύοιμί τε ἐμαυτὸν καὶ συνείην ἐξαπατῶν σε
καὶ παρέχων ὁρᾷν καὶ ἅπτεσθαι μίλτου ἀντὶ τοῦ ἐμαυτοῦ
χρωτός;

ΓΥΝΗ. Ἐγὼ μὲν ἔφη ἐκείνη οὔτ᾽ ἂν μίλτου ἁπτοίμην
ἥδιον ἢ σοῦ, οὔτ᾽ ἂν ἀνδρεικέλου χρῶμα ὁρῴην ἥδιον ἢ τὸ
σὸν, οὔτ᾽ ἂν τοὺς ὀφθαλμοὺς ὑπαληλιμμένους ἥδιον ὁρῴην τοὺς
σοὺς ἢ ὑγιαίνοντας.

I. Καὶ ἐμὲ τοίνυν νόμιζε, εἰπεῖν ἔφη ὁ Ἰσχόμαχος ὦ γύναι,
μήτε ψιμυθίου μήτε ἐγχούσης χρώματι ἥδεσθαι μᾶλλον ἢ τῷ
σῷ, ἀλλ᾽ ὥσπερ οἱ θεοὶ ἐποίησαν ἵπποις μὲν ἵππους, βουσὶ δὲ
βοῦς ἥδιστον, προβάτοις δὲ πρόβατα, οὕτω καὶ οἱ ἄνθρωποι
ἀνθρώπου σῶμα καθαρὸν οἴονται ἥδιστον εἶναι· αἱ δ᾽ ἀπάται
αὗται τοὺς μὲν ἔξω πως δύναιντ᾽ ἂν ἀνεξελέγκτως ἐξαπατᾶν,
συνόντας δὲ ἀεὶ ἀνάγκη ἁλίσκεσθαι, ἂν ἐπιχειρῶσιν ἐξαπατᾶν
ἀλλήλους. Ἢ γὰρ ἐξ εὐνῆς ἁλίσκονται ἐξανιστάμενοι πρὶν πα-
ρεσκευάσασθαι, ἢ ὑπὸ ἱδρῶτος ἐλέγχονται ἢ ὑπὸ δακρύων
βασανίζονται ἢ ὑπὸ λουτροῦ κατωπτεύθησαν.

Σ. Τί οὖν πρὸς θεῶν, ἔφην ἐγὼ πρὸς ταῦτα ἀπεκρίνατο;

I. Τί δὲ, ἔφη εἰ μὴ τοῦ λοιποῦ γε τοιοῦτον μὲν οὐδὲν πώποτε ἔτι
ἐπραγματεύσατο, καθαρὰν δὲ καὶ πρεπόντως ἔχουσαν ἐπειρᾶτο
ἑαυτὴν ἐπιδεικνύναι. Καὶ ἐμὲ μέντοι ἠρώτα εἴ τι ἔχοιμι συμ-
βουλεῦσαι ὡς ἂν τῷ ὄντι καλὴ φαίνοιτο, ἀλλὰ μὴ μόνον δοκοίη. Καὶ ἐγὼ μέντοι, ὦ Σώκρατες, ἔφη συνεβούλευον αὐτῇ
μὴ δουλικῶς ἀεὶ καθῆσθαι, ἀλλὰ σὺν τοῖς θεοῖς πειρᾶσθαι
δεσποτικῶς πρὸς μὲν τὸν ἱστὸν προσστᾶσαν ὃ τι μὲν βέλτιον
ἄλλου ἐπίσταιτο ἐπιδιδάξαι, ὃ τι δὲ χεῖρον ἐπιμαθεῖν· ἐπι-
σκέψασθαι δὲ καὶ τὴν σιτοποιὸν, παραστῆναι δὲ καὶ ἀπομε-
τρούσῃ τῇ ταμίᾳ, περιελθεῖν δὲ καὶ ἐπισκοπουμένην εἰ κατὰ
χώραν ἔχει ἃ δεῖ ἕκαστα. Ταῦτα γὰρ ἐδόκει μοι ἅμα ἐπιμέλεια
εἶναι καὶ περίπατος. Ἀγαθὸν δὲ ἔφην εἶναι γυμνάσιον καὶ τὸ
δεῦσαι καὶ μάξαι, καὶ ἱμάτια καὶ στρώματα ἀνασεῖσαι καὶ

teinte d'incarnat sous les yeux, je me présentais à toi pour te faire illusion dans nos embrassements, et te donner à voir et à toucher du vermillon au lieu d'un teint naturel?

E. Certes, dit-elle, je n'aimerais pas à toucher du vermillon au lieu de toi-même, ni à voir une teinte fausse d'incarnat au lieu de la tienne, ni trouver une couche de peinture sous tes yeux au lieu de l'éclat de la santé.

M. Eh bien, pour ce qui est de moi, répondit Ischomachus, sois assuré, femme, que je ne préfère pas la céruse ni le rouge à ton teint naturel; mais de même que les dieux ont fait les chevaux pour plaire aux chevaux, les bœufs aux bœufs, les brebis aux brebis, de même ils ont voulu que le corps tout simple de l'homme fût agréable à l'homme. Ces supercheries peuvent bien tromper les gens du dehors, qui ne cherchent rien au delà; mais quand on vit toujours ensemble, on se trahit nécessairement quand on essaye de se tromper. On se surprend au sortir du lit, avant la toilette; la sueur, des larmes, révèlent l'artifice; on se voit au bain sans aucun voile.

S. Au nom des dieux, repris-je, que te répondit-elle?

I. Que pouvait-elle faire de mieux que de cesser à tout jamais ces sortes de façons, et de se montrer toujours à moi simple et convenablement parée? Elle me demanda pourtant, si je pourrais lui indiquer le moyen, non-seulement de paraître, mais d'être vraiment belle. Alors, Socrate, continua Ischomachus, je lui conseillai de ne pas rester continuellement assise comme les esclaves, mais de s'efforcer, en bonne maîtresse, avec l'aide des dieux, de se tenir debout devant la toile, pour enseigner ce qu'elle savait le mieux, ou pour apprendre ce qu'elle savait le moins : elle aurait l'œil à la boulangerie, serait présente aux mesurages de l'intendante, ferait sa ronde pour examiner si tout est bien en place. A mon avis, ce serait là tout ensemble une surveillance et une promenade. Je lui dis que ce serait aussi un bon exercice de détremper le pain et de pétrir, de battre et de serrer les habits et les couvertures Un

συνθεῖναι. Γυμναζομένην δὲ ἔφην οὕτως ἂν καὶ ἐσθίειν ἥδιον
καὶ ὑγιαίνειν μᾶλλον καὶ εὐχροωτέραν φαίνεσθαι τῇ ἀληθείᾳ.
Καὶ ὄψις δὲ, ὁπόταν ἀνταγωνίζηται διακόνῳ καθαρωτέρα οὖσα
πρεπόντως τε μᾶλλον ἠμφιεσμένη, κινητικὸν γίγνεται, ἄλλως
τε καὶ ὁπόταν τὸ ἑκοῦσαν χαρίζεσθαι προσῇ ἀντὶ τοῦ ἀναγ-
καζομένην ὑπηρετεῖν. Αἱ δ᾽ ἀεὶ καθήμεναι σεμνῶς πρὸς τὰς
κεκοσμημένας καὶ ἐξαπατώσας κρίνεσθαι παρέχουσιν ἑαυτάς.
Καὶ νῦν, ἔφη ὦ Σώκρατες, οὕτως, εὖ ἴσθι, ἡ γυνή μου κατ-
εσκευασμένη βιοτεύει ὥσπερ ἐγὼ ἐδίδασκον αὐτὴν καὶ ὥσπερ
νῦν σοι λέγω.

XI

Ἐντεῦθεν δ᾽ ἐγὼ εἶπον·

Σ. Ὦ Ἰσχόμαχε, τὰ μὲν δὴ περὶ τῶν τῆς γυναικὸς
ἔργων ἱκανῶς μοι δοκῶ ἀκηκοέναι τὴν πρώτην, καὶ ἄξιά γε
πάνυ ἐπαίνου ἀμφοτέρων ὑμῶν, τὰ δ᾽ αὖ σὰ ἔργα ἔφην ἐγὼ
ἤδη μοι λέγε, ἵνα σύ τε ἐφ᾽ οἷς εὐδοκιμεῖς διηγησάμενος
ἡσθῇς, κἀγὼ τὰ τοῦ καλοῦ κἀγαθοῦ ἀνδρὸς ἔργα τελέως δια-
κούσας καὶ καταμαθὼν, ἢν δύνωμαι, πολλήν σοι χάριν εἰδῶ.

I. Ἀλλὰ, νὴ Δί᾽, ἔφη ὁ Ἰσχόμαχος καὶ πάνυ ἡδέως σοι,
ὦ Σώκρατες, διηγήσομαι ἃ ἐγὼ ποιῶν διατελῶ, ἵνα καὶ μεταρ-
ρυθμίσῃς με, ἐάν τί σοι δοκῶ μὴ καλῶς ποιεῖν.

Σ. Ἀλλ᾽ ἐγὼ μὲν δὴ ἔφην πῶς ἂν δικαίως μεταρρυ-
θμίσαιμι ἄνδρα ἀπειργασμένον καλόν τε κἀγαθὸν, καὶ ταῦτα
ὢν ἀνὴρ ὃς ἀδολεσχεῖν τε δοκῶ καὶ ἀερομετρεῖν καὶ, τὸ πάντων δὴ ἀνοητότατον δοκοῦν εἶναι ἔγκλημα, πένης καλοῦμαι.
Καὶ πάνυ μεντἂν, ὦ Ἰσχόμαχε, ἦν ἐν πολλῇ ἀθυμίᾳ τῇ ἐπι-
κλήματι τούτῳ, εἰ μὴ πρώην ἀπαντήσας τῷ Νικίου[1] τοῦ ἐπη-
λύτου ἵππῳ εἶδον πολλοὺς ἀκολουθοῦντας αὐτῷ θεατάς, πολὺν
δὲ λόγον ἐχόντων τινῶν περὶ αὐτοῦ ἤκουον· καὶ δῆτα ἠρόμην
προσελθὼν τὸν ἱπποκόμον εἰ πολλὰ εἴη χρήματα τῷ ἵππῳ.
Ὁ δὲ προσβλέψας με ὡς οὐδὲ ὑγιαίνοντα τῷ ἐρωτήματι εἶπε·

tel régime, ajoutai-je, lui ferait trouver plus de charmes au repas, lui procurerait une meilleure santé, et lui donnerait réellement un plus beau teint. Son air même comparé à celui d'une servante, son extérieur plus propre et sa parure plus décente, n'en seront que plus engageants, surtout si c'est d'elle-même qu'elle cherche à plaire et non contre son gré. Quant à ces femmes continuellement assises avec un air de fierté, qu'on les range dans la classe des coquettes et des trompeuses. Et maintenant, Socrate, sache bien que ma femme, formée par ces leçons, se conduit comme je le lui ai montré, et vit comme je viens de te le dire.

XI

Aussitôt je lui dis :

S. Ischomachus, pour ce qui concerne les devoirs de ta femme, je crois en avoir assez entendu dès à présent, et tout cela fait complétement ton éloge et le sien : parle-moi maintenant de tes propres fonctions, afin que tu aies le plaisir de te rappeler tes titres à l'estime publique, et moi celui d'apprendre et de connaître à fond, si je puis, les devoirs d'un citoyen beau et bon ; je t'en saurai un gré infini.

I. Par Jupiter! répondit Ischomachus, c'est de grand cœur, Socrate, que je vais poursuivre en t'exposant ce que je suis, afin que tu me redresses, si je ne te parais pas bien agir.

S. Moi, te redresser? lui dis-je ; et comment le pourrais-je, toi, l'homme beau et bon par excellence, tandis que je passe pour un conteur de fadaises, un mesureur d'air, et qu'on me jette par la tête la plus sotte des accusations, le surnom de pauvre. Cette accusation, Ischomachus, m'aurait mis au désespoir, sans la rencontre que je fis dernièrement du cheval de l'étranger Nicias : voyant que tout le monde le suivait pour le considérer, entendant qu'on ne tarissait pas sur ses louanges, je m'approchai de l'écuyer et lui demandai si ce cheval avait une grande fortune. Sur cette question, l'écuyer me regardant comme un homme qui

« Πῶς δ' ἂν ἵππῳ χρήματα γένοιτο; » Οὕτω δὴ ἐγὼ ἀνέκυψα ἀκούσας ὅτι ἐστὶν ἄρα θεμιτὸν καὶ πένητι ἵππῳ ἀγαθῷ γενέ-σθαι, εἰ τὴν ψυχὴν φύσει ἀγαθὴν ἔχοι. Ὡς οὖν θεμιτὸν καὶ ἐμοὶ ἀγαθῷ ἀνδρὶ γενέσθαι, διηγοῦ τελέως τὰ σὰ ἔργα, ἵνα, ὅ τι ἂν δύνωμαι ἀκούων καταμαθεῖν, πειρῶμαι καὶ ἐγώ σε ἀπὸ τῆς αὔριον ἡμέρας ἀρξάμενος μιμεῖσθαι· καὶ γὰρ ἀγαθή ἐστιν, ἔφην ἐγώ, ἡμέρα¹ ὡς ἀρετῆς ἄρχεσθαι.

I. Σὺ μὲν παίζεις, ἔφη ὁ Ἰσχόμαχος ὦ Σώκρατες, ἐγὼ δ' ὅμως· σοι διηγήσομαι ἃ ἐγὼ ὅσον δύναμαι πειρῶμαι ἐπι-τηδεύων διαπερᾶν τὸν βίον. Ἐπεὶ γὰρ καταμεμαθηκέναι δοκῶ ὅτι οἱ θεοὶ τοῖς ἀνθρώποις, ἄνευ μὲν τοῦ γιγνώσκειν τε ἃ δεῖ ποιεῖν καὶ ἐπιμελεῖσθαι ὅπως ταῦτα περαίνηται, οὐ θεμιτὸν ἐποίησαν εὖ πράττειν, φρονίμοις δ' οὖσι καὶ ἐπιμελέσι τοῖς μὲν διδόασιν εὐδαιμονεῖν, τοῖς δ' οὔ, οὕτω δὴ ἐγὼ ἄρχομαι μὲν τοὺς θεοὺς θεραπεύων, πειρῶμαι δὲ ποιεῖν ὡς ἂν θέμις ᾖ μοι εὐχομένῳ καὶ ὑγιείας τυγχάνειν καὶ ῥώμης σώματος καὶ τιμῆς ἐν πόλει καὶ εὐνοίας ἐν φίλοις καὶ ἐν πολέμῳ καλῆς σω-τηρίας καὶ πλούτου καλῶς αὐξομένου.

Καὶ ἐγὼ ἀκούσας ταῦτα·

Σ. Μέλει γὰρ δή σοι, ὦ Ἰσχόμαχε, ὅπως πλουτῇς καὶ πολλὰ χρήματα ἔχων πολλὰ ἔχῃς πράγματα τούτων ἐπιμελό-μενος;

I. Καὶ πάνυ γ' ἔφη ὁ Ἰσχόμαχος μέλει μοι τούτων ὧν ἐρωτᾷς· ἡδὺ γάρ μοι δοκεῖ, ὦ Σώκρατες, καὶ θεοὺς μεγα-λείως τιμᾶν, καὶ φίλους, ἤν τινος δέωνται, ἐπωφελεῖν, καὶ τὴν πόλιν μηδὲν τὸ κατ' ἐμὲ χρήμασιν ἀκόσμητον εἶναι.

Σ. Καὶ γὰρ καλὰ, ἔφην ἐγὼ ὦ Ἰσχόμαχε, ἐστὶν ἃ σὺ λέγεις, καὶ δυνατοῦ γε ἰσχυρῶς ἀνδρός. Πῶς γὰρ οὔ, ὅτε πολλοὶ μὲν εἰσὶν ἄνθρωποι οἳ οὐ δύνανται ζῆν ἄνευ τοῦ ἄλλων δεῖσθαι, πολλοὶ δ' ἀγαπῶσιν ἢν δύνωνται τὰ ἑαυτοῖς ἀρκοῦντα πορίζε-σθαι; Οἱ δὲ δὴ δυνάμενοι μὴ μόνον τὸν ἑαυτῶν οἶκον διοικεῖν, ἀλλὰ καὶ περιποιεῖν ὥστε καὶ τὴν πόλιν κοσμεῖν καὶ τοὺς φί-

n'est pas sain d'esprit : « Comment, dit-il, un cheval aurait-il de
la fortune ? » Pour moi, je relevai la tête en apprenant qu'il est
permis à un cheval, même pauvre, d'être bon, quand il a un bon
naturel. Comme donc il ne m'est pas non plus défendu d'être
homme de bien, raconte-moi entièrement ce que tu fais, afin que,
si je puis m'instruire à ton école, je m'applique dès demain à
marcher sur tes traces ; car le jour est bon, ajoutai-je, pour commencer l'étude de la vertu.

I. Tu badines, Socrate, dit Ischomachus ; je vais néanmoins
te raconter tout ce que je m'efforce de faire pour bien passer la vie. Convaincu que jamais les dieux n'ont permis
que le succès fût assuré aux hommes qui ne connaissent point
leurs devoirs, ni les soins qu'ils ont à prendre pour l'accomplir,
et qu'à ceux même qui sont prudents et actifs, tantôt ils accordent la réussite, tantôt ils ne l'accordent pas, je commence, moi,
par rendre hommage aux dieux, et je m'efforce de mériter par
mes prières la santé, la force du corps, l'estime de mes concitoyens, la bienveillance de mes amis, l'avantage d'être à l'abri
durant la guerre, une fortune honorablement acquise.

Et moi en l'entendant :

S. Tu as donc soin, Ischomachus, de t'enrichir, et, une fois à la
tête d'une grande fortune, tu prends les soins nécessaires pour la
gérer?

I. Aucun soin ne m'agrée plus, reprit Ischomachus, que celui que
tu viens de dire ; il me paraît bien doux, Socrate, de traiter magnifiquement les dieux, de venir en aide à mes amis, s'ils sont dans
le besoin, et de contribuer, autant que je puis, à embellir la ville.

S. Tout ce que tu dis-là, Ischomachus, est fort beau, et ne
convient qu'à un homme puissamment riche. Le moyen de le nier,
quand on voit tant de citoyens hors d'état de subsister sans la
générosité des autres, tant d'autres s'estimant heureux de se procurer le strict nécessaire? Et ceux qui peuvent non-seulement administrer leur maison, mais gagner encore de quoi embellir la ville

λους ἐπικουφίζειν, πῶς τούτους¹ οὐχὶ βαθεῖς² τε καὶ ἐρρωμένους
ἄνδρας χρὴ νομίσαι; Ἀλλὰ γὰρ ἐπαινεῖν μὲν ἔφην ἐγὼ τοὺς
τοιούτους πολλοὶ δυνάμεθα· σὺ δέ μοι λέξον, ὦ Ἰσχόμαχε, ἀφ'
ὧνπερ ἤρξω, πῶς ὑγιείας ἐπιμελεῖ; πῶς τῆς τοῦ σώματος ῥώμης; πῶς θέμις εἶναί σοι καὶ ἐκ πολέμου καλῶς σώζεσθαι;
τῆς δὲ χρηματίσεως πέρι καὶ μετὰ ταῦτα ἔφην ἐγὼ ἀρκέσει
ἀκούειν.

I. Ἀλλ' ἔστι μὲν, ἔφη ὁ Ἰσχόμαχος ὥς γε ἐμοὶ δοκεῖ,
ὦ Σώκρατες, ἀκόλουθα ταῦτα πάντα ἀλλήλων. Ἐπεὶ γὰρ
ἐσθίειν τις τὰ ἱκανὰ ἔχει, ἐκπονοῦντι μὲν ὀρθῶς μᾶλλον δοκεῖ
μοι ἡ ὑγίεια παραμένειν, ἐκπονοῦντι δὲ μᾶλλον ἡ ῥώμη προσγί-
γνεσθαι, ἀσκοῦντι δὲ τὰ τοῦ πολέμου κάλλιον σώζεσθαι, ὀρθῶς
δὲ ἐπιμελομένῳ καὶ μὴ καταμαλακιζομένῳ μᾶλλον εἰκὸς τὸν
οἶκον αὔξεσθαι.

Σ. Ἀλλὰ μέχρι μὲν τούτου ἔπομαι, ἔφην ἐγὼ ὦ Ἰσχόμαχε, ὅτι ἐκπονοῦντα φῂς καὶ ἐπιμελόμενον καὶ ἀσκοῦντα
ἄνθρωπον μᾶλλον τυγχάνειν τῶν ἀγαθῶν, ὁποίῳ δὲ πόνῳ χρῆ
πρὸς τὴν εὐεξίαν καὶ ῥώμην καὶ ὅπως ἀσκεῖς τὰ τοῦ πολέμου
καὶ ὅπως ἐπιμελεῖ τοῦ περιουσίαν ποιεῖν ὡς καὶ φίλους ἐπωφελεῖν καὶ πόλιν ἐπισχύειν, ταῦτα ἂν ἡδέως ἔφην ἐγὼ πυθοίμην.

I. Ἐγὼ τοίνυν, ἔφη ὦ Σώκρατες, ὁ Ἰσχόμαχος ἀνίστασθαι
μὲν ἐξ εὐνῆς εἴθισμαι ἡνίκ' ἂν ἔτι ἔνδον καταλαμβάνοιμι, εἴ
τινα δεόμενος ἰδεῖν τυγχάνοιμι. Κἂν μέν τι κατὰ πόλιν δέῃ
πράττειν, ταῦτα πραγματευόμενος περιπάτῳ τούτῳ χρῶμαι·
ἢν δὲ μηδὲν ἀναγκαῖον ᾖ κατὰ πόλιν, τὸν μὲν ἵππον ὁ παῖς
προάγει εἰς ἀγρόν, ἐγὼ δὲ περιπάτῳ χρῶμαι τῇ εἰς ἀγρὸν
ὁδῷ ἴσως ἀμείνονι, ὦ Σώκρατες, ἢ εἰ ἐν τῷ ξυστῷ³ περι-
πατοίην. Ἐπειδὰν δὲ ἔλθω εἰς ἀγρόν, ἤν τέ μοι φυτεύοντες
τυγχάνωσιν ἤν τε νειὸν ποιοῦντες⁴ ἤν τε σπείροντες ἤν τε
καρπὸν συγκομίζοντες, ταῦτα ἐπισκεψάμενος ὅπως ἕκαστα
γίγνεται, μεταρρυθμίζω, ἐὰν ἔχω τι βέλτιον τοῦ παρόντος.

et venir en aide à leurs amis, comment ne pas les appeler opulents et puissants? Oui, ajoutai-je, nous pourrions faire ce compliment à bien des hommes. Mais toi, Ischomachus, dis-moi, puisque c'est par là que tu as commencé, par quels moyens tu t'es fait la santé, comment tu as développé ta force physique; ensuite, comment il t'est permis sans honte de n'avoir rien à redouter de la guerre; tu me parleras enfin des moyens de faire fortune, et je t'écouterai avec plaisir.

I. Tous ces avantages, Socrate, reprit Ischomachus, ont entre eux, à mon avis, une liaison intime. Un homme qui a de quoi manger doit naturellement par le travail fortifier sa santé, et par un travail continu développer ses forces; exercé au métier de la guerre, il doit s'en tirer honorablement; industrieux et ennemi de la mollesse, il doit naturellement augmenter son avoir.

S. Jusque-là, Ischomachus, repris-je, je suis parfaitement ton raisonnement, quand tu dis que l'homme qui travaille, qui s'occupe, qui s'exerce, obtient plus sûrement ces avantages; mais quels exercices faut-il pour se procurer une constitution bonne et vigoureuse? Comment t'endurcis-tu au métier des armes? A quels moyens dois-tu l'excédant qui te permet de secourir tes amis et d'aider la ville? Voilà ce que je serais curieux d'apprendre.

I. Eh bien, Socrate, dit Ischomachus, j'ai l'habitude de sortir du lit à l'heure où je puis encore trouver au logis les personnes que je dois voir. Quand j'ai quelque affaire dans la ville, je m'en occupe cela me sert de promenade. Si je n'ai rien d'indispensable à la ville, un garçon mène devant moi mon cheval à la campagne, et cette promenade de la ville aux champs me plaît cent fois plus, Socrate, que si je me promenais dans le Xyste. Dès que je suis arrivé à la campagne, si j'ai là des gens qui plantent, qui travaillent à une jachère, qui sèment, qui rentrent les récoltes, je vais voir comment tout se passe, et je les redresse, si je crois

ÉCONOMIQUE DE XÉNOPHON. 6

Μετὰ δὲ ταῦτα ὡς τὰ πολλὰ ἀναβὰς ἐπὶ τὸν ἵππον ἱππασάμην ἱππασίαν ὡς ἂν ἐγὼ δύνωμαι ὁμοιοτάτην ταῖς ἐν τῷ πολέμῳ ἀναγκαίαις ἱππασίαις, οὔτε πλαγίου οὔτε κατάντους οὔτε τάφρου οὔτε ὄχθου ἀπεχόμενος· ὡς μέντοι δυνατὸν ταῦτα ποιοῦντι ἐπιμέλομαι τοῦ μὴ ἀποχωλεῦσαι τὸν ἵππον. Ἐπειδὰν δὲ ταῦτα γένηται, ὁ παῖς ἐξαλίσας τὸν ἵππον ⁴ οἴκαδε ἀπάγει, ἅμα φέρων ἀπὸ τοῦ χώρου ἤν τι δεώμεθα εἰς ἄστυ. Ἐγὼ δὲ, τὰ μὲν βάδην τὰ δὲ ἀποδραμὼν οἴκαδε, ἀπεστλεγγισάμην ². Εἶτα δὲ ἀριστῶ, ὦ Σώκρατες, ὅσα μήτε κενὸς μήτε ἄγαν πλήρης διημερεύειν.

Σ. Νὴ τὴν Ἥραν, ἔφην ἐγὼ ὦ Ἰσχόμαχε, ἀρεσκόντως γέ μοι ταῦτα ποιεῖς. Τὸ γὰρ ἐν τῷ αὐτῷ χρόνῳ συνεσκευασμένοις χρῆσθαι τοῖς τε πρὸς τὴν ὑγίειαν καὶ τοῖς πρὸς τὴν ῥώμην παρασκευάσμασι καὶ τοῖς εἰς τὸν πόλεμον ἀσκήμασι καὶ ταῖς τοῦ πλούτου ἐπιμελείαις, ταῦτα πάντα ἀγαστά μοι δοκεῖ εἶναι. Καὶ γὰρ ὅτι ὀρθῶς ἑκάστου τούτων ἐπιμελεῖ ἱκανὰ τεκμήρια παρέχει· ὑγιαίνοντά τε γὰρ καὶ ἐρρωμένον ὡς ἐπὶ τὸ πολὺ σὺν τοῖς θεοῖς σε ὁρῶμεν καὶ ἐν τοῖς ἱππικωτάτοις τε καὶ πλουσιωτάτοις καταλεγόμενόν σε ἐπιστάμεθα.

Ι. Ταῦτα τοίνυν ἐγὼ ποιῶν, ἔφη ὦ Σώκρατες, ὑπὸ πολλῶν πάνυ συκοφαντοῦμαι, σὺ δ' ἴσως ᾤου με ἐρεῖν ὡς ὑπὸ πολλῶν καλὸς κἀγαθὸς κέκλημαι.

Σ. Ἀλλὰ καὶ ἔμελλον δὲ ἐγὼ, ἔφην ὦ Ἰσχόμαχε, τοῦτο ἐρήσεσθαι εἴ τινα καὶ τούτου ἐπιμέλειαν ποιεῖ ὅπως δύνῃ λόγον διδόναι καὶ λαμβάνειν, ἤν τινί ποτε δέῃ.

Ι. Οὐ γὰρ δοκῶ σοι, ἔφη ὦ Σώκρατες, αὐτὰ ταῦτα διατελεῖν μελετῶν, ἀπολογεῖσθαι μὲν ὅτι οὐδένα ἀδικῶ, εὖ δὲ ποιῶ πολλοὺς ὅσον ἂν δύνωμαι, κατηγορεῖν δὲ οὐ δοκῶ σοι μελετᾶν, ἀνθρώπων ἀδικοῦντας μὲν καὶ ἰδίᾳ πολλοὺς καὶ τὴν πόλιν κατὰ μὲν θάνων τινάς, εὖ δὲ ποιοῦντας οὐδένα;

Ι. Ἀλλ' εἰ καὶ ἑρμηνεύειν τοιαῦτα μελετᾷς, τοῦτό μοι ἔφην ἐγὼ ἔτι, ὦ Ἰσχόμαχε, δήλωσον.

mon procédé meilleur que le leur. Ensuite, je monte à cheval,
et je fais faire à l'animal les manœuvres hippiques qui se rap-
prochent le plus de celles de la guerre : chemins de traverse,
pentes rapides, fossés, collines, je franchis tout, et, autant que
possible, dans ces manœuvres, je tâche de ne point estropier mon
cheval. Cette course faite, mon garçon roule mon cheval dans
la poussière, puis le ramène à la maison, rapportant des champs
ce qu'il faut pour la ville. De mon côté, je rentre moitié marchant,
moitié courant, et je me frotte avec l'étrille. Alors je dîne, Socrate, de manière à passer le reste de la journée sans avoir l'esto-
mac vide ni plein.

S. Par Junon, dis-je, Ischomachus, j'approuve une telle conduite. User d'un régime qui donne tout à la fois la santé et la vigueur, faire des manœuvres et des exercices qui servent pour la
guerre et pour l'accroissement de la fortune, voilà qui me paraît
tout à fait admirable! Et certes tu fournis des preuves suffisantes
que tu fais bien tout ce qu'il faut. Grâce aux dieux, nous te
voyons d'ordinaire bien portant et robuste, et nous savons que
l'on te compte parmi les meilleurs cavaliers et les gens les plus
riches.

I. Pourtant avec tout cela, Socrate, je suis indignement calom-
nié, et peut-être croyais-tu que j'allais te dire que tout le monde
m'appelle le beau et le bon.

S. J'allais te demander encore, Ischomachus, si tu te mets en
état de rendre compte de tes actions ou de juger celles des autres,
s'il en est besoin.

I. Est-ce que, selon toi, Socrate, je ne me prépare pas continuellement soit à me justifier, puisque je ne fais de tort à personne,
et qu'au contraire je fais le plus de bien que je peux, soit à en
accuser d'autres, puisque j'en remarque qui font du mal à beaucoup de particuliers ainsi qu'à la ville, et qui ne font de bien à
personne?

S. Mais dis-moi, Ischomachus, tes impressions se traduisent-elle
en paroles? réponds.

I. Οὐδὲν μὲν οὖν, ὦ Σώκρατες, παύομαι, ἔφη, λέγειν μελετῶν. Ἡ γὰρ κατηγοροῦντός τινος τῶν οἰκετῶν ἢ ἀπολογου-
μένου ἀκούσας ἐλέγχειν πειρῶμαι, ἢ μέμφομαί τινα πρὸς
τοὺς φίλους ἢ ἐπαινῶ ἢ διαλλάττω τινὰς τῶν ἐπιτηδείων,
πειρώμενος διδάσκειν ὡς συμφέρει αὐτοῖς φίλους εἶναι μᾶλλον
ἢ πολεμίους....¹ Ἐπιτιμῶμέν τινι στρατηγῷ συμπαρόντες,
ἢ ἀπολογούμεθα ὑπέρ του, εἴ τις ἀδίκως αἰτίαν ἔχει, ἢ κατ-
ηγοροῦμεν πρὸς ἀλλήλους, εἴ τις ἀδίκως τιμᾶται. Πολλάκις
δὲ καὶ βουλευόμενοι, ἃ μὲν ἂν ἐπιθυμῶμεν πράττειν, ταῦτα
ἐπαινοῦμεν, ἃ δ' ἂν μὴ βουλώμεθα πράττειν, ταῦτα μεμφό-
μεθα. Ἤδη δ', ἔφη, ὦ Σώκρατες, καὶ διειλημμένως πολλάκις
ἐκρίθην ὅ τι χρὴ παθεῖν ἢ ἀποτῖσαι².

Σ. Ὑπὸ τοῦ, ἔφην ἐγώ, ὦ Ἰσχόμαχε; ἐμὲ γὰρ δὴ τοῦτο
ἐλάνθανεν.

I. Ὑπὸ τῆς γυναικός, ἔφη.

Σ. Καὶ πῶς δή, ἔφην ἐγώ, ἀγωνίζει;

I. Ὅταν μὲν ἀληθῆ λέγειν συμφέρῃ, πάνυ ἐπιεικῶς· ὅταν
δὲ ψευδῆ, τὸν ἥττω λόγον⁵, ὦ Σώκρατες, οὐ μὰ τὸν Δί', οὐ
δύναμαι κρείττω ποιεῖν.

Καὶ ἐγὼ εἶπον·

Σ. Ἴσως γάρ, ὦ Ἰσχόμαχε, τὸ ψεῦδος οὐ δύνασαι ἀληθὲς
ποιεῖν.

XII

Σ. Ἀλλὰ γάρ, ἔφην ἐγώ, μή σε κατακωλύω, ὦ Ἰσχόμαχε,
ἀπιέναι ἤδη βουλόμενον⁴.

I. Μὰ Δί', ἔφη, ὦ Σώκρατες· ἐπεὶ οὐκ ἂν ἀπέλθοιμι πρίν
γ' ἂν παντάπασιν ἡ ἀγορὰ λυθῇ⁵.

Σ. Νὴ Δί', ἔφην ἐγώ, φυλάττει γὰρ ἰσχυρῶς μὴ ἀποβάλῃς
τὴν ἐπωνυμίαν, τὸ ανὴρ καλὸς κἀγαθὸς κεκλῆσθαι. Νῦν γὰρ
πολλῶν σοι ἴσως ὄντων τῶν ἐπιμελείας δεομένων, ἐπεὶ συνέθου
τις ξένοις ⁶, ἀναμένεις αὐτούς, ἵνα μὴ ψεύσῃ

I. Jamais, Socrate, je ne cesse de faire connaître mon senti ment. Ou quelqu'un de la maison accuse, ou il se justifie ; j'écoute alors, et je tâche de confondre le mensonge ; tantôt je me plains à un ami de celui-ci ; tantôt je loue celui-là ; je réconcilie des parents, et je m'efforce de leur prouver qu'ils ont beaucoup plus d'intérêt à être amis qu'ennemis.... Sommes-nous en présence du stratège, nous blâmons l'un, ou nous prenons le parti d'un autre accusé injustement, ou nous censurons ceux d'entre nous qui obtiennent des faveurs sans les avoir méritées. Souvent, dans nos délibérations, nous louons un projet que nous voulons qu'on adopte, nous en blâmons un qui nous déplaît. Plus d'une fois, Socrate, je me suis vu condamné à une peine, à une amende déterminée.

S. Par qui donc, Ischomachus? Voilà une chose que je ne savais pas.

I. Par ma femme, dit-il.

S. Et comment te défends-tu avec elle?

I. Fort bien, quand j'ai le bonheur d'être dans le vrai ; mais quand je suis dans le faux, Socrate, par Jupiter, je ne puis faire que la mauvaise cause devienne la bonne.

Alors je dis :

S. C'est sans doute, Ischomachus, parce que tu ne peux faire que le mensonge soit la vérité.

XII

S. Mais, lui dis-je, Ischomachus, que je ne te retienne pas, si tu veux t'en aller.

I. Par Jupiter, Socrate, reprit-il, je ne m'en irai pas que la séance ne soit levée.

S. Par Jupiter, dis-je à mon tour, tu as grand'peur de perdre ton surnom de beau et bon. Mais tu as sans doute beaucoup d'affaires, tu as donné parole à des hôtes, et tu les attends pour ne pas fausser compagnie.

Ι Ἀλλά τοι, ὦ Σώκρατες, ἔφη ὁ Ἰσχόμαχος, οὐδ' ἐκεῖνά μοι ἀμελεῖται ἃ σὺ λέγεις· ἔχω γὰρ ἐπιτρόπους[1] ἐν τοῖς ἀγροῖς.

Σ. Πότερα δέ, ἐγὼ ἔφην, ὦ Ἰσχόμαχε, ὅταν δεηθῇς ἐπιτρόπου, καταμαθὼν ἤν που ᾖ ἐπιτροπευτικὸς ἀνήρ, τοῦτον πειρᾷ ὠνεῖσθαι, ὥσπερ ὅταν τέκτονος δεηθῇς, καταμαθὼν εὖ οἶδ' ὅτι, ἤν που ἴδῃς τεκτονικόν, τοῦτον πειρᾷ κτᾶσθαι, ἢ αὐτὸς παιδεύεις τοὺς ἐπιτρόπους;

Ι. Αὐτός, νὴ Δί', ἔφη, ὦ Σώκρατες, πειρῶμαι παιδεύειν. Καὶ γὰρ ὅστις μέλλει ἀρκέσειν, ὅταν ἐγὼ ἀπῶ, ἀντ' ἐμοῦ ἐπιμελούμενος, τί αὐτὸν καὶ δεῖ ἄλλο ἐπίστασθαι ἢ ἅπερ ἐγώ; Εἴπερ δὲ ἱκανός εἰμι τῶν ἔργων προστατεύειν, κἂν ἄλλον δήπου δυναίμην διδάξαι ἅπερ αὐτὸς ἐπίσταμαι.

Σ. Οὐκοῦν εὔνοιαν πρῶτον, ἔφην ἐγώ, δεήσει αὐτὸν ἔχειν σοὶ καὶ τοῖς σοῖς, εἰ μέλλει ἀρκέσειν ἀντὶ σοῦ παρών. Ἄνευ γὰρ εὐνοίας τί ὄφελος καὶ ὁποιαστινοσοῦν ἐπιτρόπου ἐπιστήμης γίγνεται;

Ι. Οὐδὲν μὰ Δί', ἔφη ὁ Ἰσχόμαχος, ἀλλά τοι τὸ εὐνοεῖν ἐμοὶ καὶ τοῖς ἐμοῖς ἐγὼ πρῶτον πειρῶμαι παιδεύειν.

Σ. Καὶ πῶς, ἐγὼ ἔφην, πρὸς τῶν θεῶν, εὔνοιαν ἔχειν σοὶ καὶ τοῖς σοῖς διδάσκεις ὅντινα ἂν βούλῃ;

Ι. Εὐεργετῶν, νὴ Δί', ἔφη ὁ Ἰσχόμαχος, ὅταν τινὸς ἀγαθοῦ οἱ θεοὶ ἀφθονίαν διδῶσιν ἡμῖν.

Σ. Τοῦτο οὖν λέγεις, ἔφην ἐγώ, ὅτι οἱ ἀπολαύοντες τῶν σῶν ἀγαθῶν εὖνοί σοι γίγνονται καὶ ἀγαθόν τί σε βούλονται πράττειν;

Ι. Τοῦτο γὰρ ὄργανον, ὦ Σώκρατες, εὐνοίας ἄριστον ὁρῶ ὄν.

Σ. Ἢν δὲ δὴ εὔνους[2] σοι γένηται, ἔφην, ὦ Ἰσχόμαχε, ἢ τούτου ἕνεκα ἱκανὸς ἔσται ἐπιτροπεύειν; Οὐχ ὁρᾷς ὅτι καὶ ἑαυτοῖς εὖνοι ὄντες πάντες, ὡς εἰπεῖν, ἄνθρωποι, πολλοὶ αὐτῶν

I. Cependant, Socrate, répondit-il, je ne néglige pas pour cela les affaires que tu dis : j'ai des contre-maîtres à la campagne.

S. Dis-moi, Ischomachus, quand tu as besoin d'un contre-maître, et que tu sais qu'il y a quelque part un esclave intelligent, fais-tu des démarches pour l'acheter, comme tu en fais quand tu as besoin d'un bon ouvrier, et que, sachant qu'il y a quelque part un ouvrier adroit, tu essayes de te le procurer ? ou bien est-ce toi-même qui formes tes contre-maîtres ?

I. C'est moi, par Jupiter, qui essaye de les former. Celui, en effet, qui doit me représenter en mon absence, a-t-il besoin de savoir autre chose que ce que je sais moi-même? Si je suis capable de surveiller les travaux, je puis bien apprendre cette science à d'autres.

S. Avant tout, repris-je, c'est de l'attachement à ta personne et aux tiens que doit avoir ton remplaçant; car, sans attachement, à quoi servirait la science, quelle qu'elle fût, de ton contre-maître?

I. A rien, par Jupiter, reprit Ischomachus; aussi, c'est cet attachement à moi et aux miens que j'essaye d'abord de lui inspirer.

S. Et comment, au nom des dieux, peux-tu inspirer à qui tu veux cet attachement à toi et aux tiens?

I. En faisant du bien, dit Ischomachus, toutes les fois que les dieux m'accordent à moi-même quelque faveur.

S. C'est-à-dire, repris-je, que ceux qui ont pris part à tes bienfaits se montrent attachés à toi et te souhaitent du bien.

I. Je ne vois pas, Socrate, de meilleur procédé pour provoquer l'attachement.

S. Eh bien, Ischomachus, repris-je, dès qu'un esclave se montre attaché, est-il par cela même un bon contre-maître? Ne vois-tu pas que tous les hommes ont de l'attachement pour eux-mêmes,

εἰσὶν οἳ οὐκ ἐθέλουσιν ἐπιμελεῖσθαι ὅπως αὐτοῖς ἔσται ταῦτα ἃ βούλονται εἶναί σφισι τὰ ἀγαθά;

Ι. Ἀλλὰ ναὶ μὰ Δί', ἔφη ὁ Ἰσχόμαχος, τοιούτους ὅταν ἐπιτρόπους βούλωμαι καθιστάναι, καὶ ἐπιμελεῖσθαι διδάσκω.

Σ. Πῶς, ἔφην ἐγὼ, πρὸς τῶν θεῶν; Τοῦτο γὰρ δὴ ἐγὼ παντάπασιν οὐ διδακτὸν ᾤμην εἶναι.

Ι. Οὐδὲ γάρ ἐστιν, ἔφη, ὦ Σώκρατες, ἐφεξῆς γε οὕτως οἷόν τε πάντας διδάξαι ἐπιμελεῖς εἶναι.

Σ. Ποίους μὲν δὴ, ἐγὼ ἔφην, οἷόν τε; Πάντως μοι σαφῶς τούτους διασήμηνον.

Ι. Πρῶτον μὲν, ἔφη, ὦ Σώκρατες, τοὺς οἴνου ἀκρατεῖς οὐκ ἂν δύναιο ἐπιμελεῖς ποιῆσαι· τὸ γὰρ μεθύειν λήθην ἐμποιεῖ πάντων τῶν τοῦ πράττειν δεομένων.

Σ. Οἱ οὖν τούτου ἀκρατεῖς μόνοι, ἐγὼ ἔφην, ἀδύνατοί εἰσιν ἐπιμελεῖς ἔσεσθαι ἢ καὶ ἄλλοι τινές;

Ι. Ναὶ μὰ Δί', ἔφη ὁ Ἰσχόμαχος, καὶ οἵ γε τοῦ ὕπνου· οὔτε γὰρ ἂν αὐτὸς δύναιτο ὁ καθεύδων τὰ δέοντα ποιεῖν οὔτε ἄλλους παρέχεσθαι.

Σ. Τί δὲ, ἔφην ἐγὼ, οἵτινες αὖ ἐρωτικῶς ἔχουσι τοῦ κερδαίνειν, ἢ καὶ οὗτοι ἀδύνατοί εἰσιν εἰς ἐπιμέλειαν τῶν κατ' ἀγρὸν ἔργων παιδεύεσθαι;

Ι. Οὐ μὰ Δί', ἔφη ὁ Ἰσχόμαχος, οὐδαμῶς γε, ἀλλὰ καὶ πάνυ εὐάγωγοί εἰσιν εἰς τὴν τούτων ἐπιμέλειαν· οὐδὲν γὰρ ἄλλο δεῖ ἢ δεῖξαι μόνον αὐτοῖς ὅτι κερδαλέον ἐστὶν ἡ ἐπιμέλεια.

Σ. Τοὺς δὲ ἄλλους, ἔφην ἐγὼ, εἰ ἐγκρατεῖς τέ εἰσιν ὧν σὺ κελεύε; καὶ πρὸς τὸ φιλοκερδεῖς εἶναι μετρίως ἔχουσιν, πῶς ἐκδιδάσκεις ὧν σὺ βούλει ἐπιμελεῖς γίγνεσθαι;

Ι. Ἁπλῶς, ἔφη, πάνυ, ὦ Σώκρατες. Ὅταν μὲν γὰρ ἐπιμελουμένους ἴδω, καὶ ἐπαινῶ καὶ τιμᾶν πειρῶμαι αὐτοὺς, ὅταν δὲ ἀμελοῦντας, λέγειν τε πειρῶμαι καὶ ποιεῖν ὁποῖα δήξεται αὐτούς.

mais que pourtant un grand nombre d'entre eux ne veulent pas se donner de peine pour se procurer les biens qu'ils désirent?

I. Par Jupiter, dit Ischomachus, quand je veux avoir des contremaîtres tels que nous disons, je m'attache à les rendre soigneux.

S. Comment fais-tu cela, au nom des dieux? Car je ne croyais pas que ce fût une chose que l'on pût apprendre aux autres.

I. Aussi, Socrate, n'est-il pas possible d'apprendre à tous sans exception à devenir soigneux.

S. Quels sont donc ceux avec qui l'on peut réussir? Indique-les-moi clairement.

I. D'abord, Socrate, tu ne pourras jamais rendre soigneux les gens adonnés au vin : l'ivrognerie engendre l'oubli de tous les devoirs.

S. N'y a-t-il que les ivrognes, lui dis-je, qui ne soient point capables de devenir soigneux, ou bien y en a-t-il d'autres?

I. Par Jupiter, reprit Ischomachus, il y a encore les dormeurs : le dormeur ne saurait faire son devoir ni le faire faire aux autres.

S. Maintenant, lui dis-je, ceux qui sont épris du gain, les crois-tu donc incapables de devenir soigneux et versés dans les travaux agricoles?

I. Non, par Jupiter, dit Ischomachus, en aucune façon; au contraire, je les crois dans d'excellentes dispositions pour soigner ces sortes de travaux. Il n'y a qu'une chose à leur prouver, c'est que le soin conduit au gain.

S. Quant à ceux, repris-je, qui, doués de la sagesse que tu exiges, sont pourtant peu sensibles à l'appât du gain, comment leur apprends-tu à devenir soigneux en ce que tu désires?

I. Tout simplement, Socrate. Quand je les vois prendre quelque soin, je les loue et j'essaye de les honorer; et quand ils se négligent, j'essaye de dire et de faire des choses qui puissent les piquer

Σ. Ἴθι, ἐγὼ ἔφην, ὦ Ἰσχόμαχε, καὶ τόδε μοι, παρατραπό-
μενος τοῦ λόγου τοῦ περὶ τῶν παιδευομένων εἰς τὴν ἐπιμέλειαν, δήλωσον περὶ τοῦ παιδεύεσθαι, εἰ οἷόν τέ ἐστιν ἀμελῆ
αὐτὸν ὄντα ἄλλους ποιεῖν ἐπιμελεῖς.

I. Οὐ μὰ Δί', ἔφη ὁ Ἰσχόμαχος, οὐδέν γε μᾶλλον ἢ ἄμου-
σον ὄντα αὐτὸν ἄλλους μουσικοὺς ποιεῖν. Χαλεπὸν γάρ, τοῦ
διδασκάλου πονηρῶς τι ὑποδεικνύοντος, καλῶς τοῦτο ποιεῖν μαθεῖν, καὶ ἀμελεῖν γε ὑποδεικνύοντος τοῦ δεσπότου, χαλεπὸν
ἐπιμελῆ θεράποντα γενέσθαι. Ὡς δὲ συντόμως εἰπεῖν, πονηροῦ
μὲν δεσπότου οἰκέτας οὐ δοκῶ χρηστοὺς καταμεμαθηκέναι·
χρηστοῦ μέντοι πονηροὺς ἤδη εἶδον, οὐ μέντοι ἀζημίους
γε. Τὸν δὲ ἐπιμελητικοὺς βουλόμενον ποιήσασθαί τινας καὶ
ἐφορατικὸν δεῖ εἶναι τῶν ἔργων καὶ ἐξεταστικὸν καὶ χάριν
ἐθέλοντα τῶν καλῶς τελουμένων ἀποδιδόναι τῷ αἰτίῳ, καὶ
δίκην μὴ ὀκνοῦντα τὴν ἀξίαν ἐπιθεῖναι τῷ ἀμελοῦντι. Καλῶς δέ μοι δοκεῖ ἔχειν, ἔφη ὁ Ἰσχόμαχος, καὶ ἡ τοῦ βαρβάρου[1]
λεγομένη ἀπόκρισις, ὅτε βασιλεὺς[2] ἄρα, ἵππου ἐπιτυχὼν ἀγαθοῦ, παχῦναι αὐτὸν ὡς τάχιστα βουλόμενος, ἤρετο τῶν δεινῶν
τινα ἀμφ' ἵππους δοκούντων εἶναι τί τάχιστα παχύνει ἵππον·
τὸν δ' εἰπεῖν λέγεται ὅτι δεσπότου ὀφθαλμός. Οὕτω δ', ἔφη, ὦ
Σώκρατες, καὶ τἄλλα μοι δοκεῖ δεσπότου ὀφθαλμὸς καλά τε
κἀγαθὰ μάλιστα ἐργάζεσθαι.

XIII

Σ. Ὅταν δὲ παραστήσῃς τινί, ἔφην ἐγώ, τοῦτο καὶ πάνυ
ἰσχυρῶς ὅτι δεῖ ἐπιμελεῖσθαι ὧν ἂν σὺ βούλῃ, ἦ ἱκανὸς ἤδη
ἔσται ὁ τοιοῦτος ἐπιτροπεύειν, ἤ τι καὶ ἄλλο προσμαθητέον
αὐτῷ ἔσται, εἰ μέλλει ἐπίτροπος ἱκανὸς ἔσεσθαι;

I. Ναὶ μὰ Δί', ἔφη ὁ Ἰσχόμαχος, ἔτι μέντοι λοιπὸν αὐτῷ
ἐστι γνῶναι ὅ τι τε ποιητέον καὶ ὁπότε καὶ ὅπως, εἰ δὲ μή,
τί μᾶλλον ἐπιτρόπου ἄνευ τούτων ὄφελος ἢ ἰατροῦ ὅς ἐπιμε-

8. Voyons, Ischomachus, repris-je, laissons un peu de côté la discussion relative à l'éducation de ceux que tu veux rendre soigneux, et dis-moi s'il est possible qu'un homme négligent puisse en rendre d'autres soigneux.

I. Non, par Jupiter, répondit Ischomachus, pas plus qu'un homme qui ne sait pas la musique ne peut en rendre d'autres musiciens. Il est difficile, quand un maître montre mal, d'apprendre à bien faire ce qu'il montre, et, par suite, quand un maître apprend à être négligent, il est difficile au serviteur de devenir soigneux. Pour tout dire en un mot, je ne crois pas avoir jamais vu de bons serviteurs à un mauvais maître; tandis que j'ai vu de mauvais serviteurs à un bon maître, et cependant ils étaient châtiés pour cela. Donc, quiconque veut s'entourer de gens soigneux doit avoir l'œil à tous les travaux et se rendre compte de tout; s'empresser, quand une chose est bien, d'en savoir gré à l'auteur, et ne point hésiter à punir comme il le mérite celui qui se montre négligent Je trouve parfaite, continua Ischomachus, cette réponse d'un barbare. Le roi de Perse, ayant rencontré un bon cheval et désirant l'engraisser en peu de temps, demanda à un habile écuyer quel était le moyen d'engraisser en peu de temps un cheval, et celui-ci, dit-on, répondit : « L'œil du maître ! » De même, Socrate, tout le reste, avec l'œil du maître, me paraît en état de devenir bel et bon.

XIII

8. Quand tu auras, repris-je, parfaitement inculqué dans l'âme de quelqu'un la conviction qu'il faut être vigilant dans tout ce que tu lui confies, sera-t-il dès lors bon contre-maître, ou bien lui faudra-t-il encore apprendre quelque chose, s'il veut devenir bon contre-maître ?

I. Par Jupiter, reprit Ischomachus, il lui reste encore à savoir ce qu'il doit faire, quand et comment; autrement le régisseur, sans ces connaissances, serait-il plus utile qu'un médecin qui viendrait

λοῖτο μὲν κάμνοντός τινος πρωί τε ἰὼν καὶ ὀψὲ, ὅ τι δὲ συμφέρον τῷ κάμνοντι ποιεῖν εἴη, τοῦτο μὴ εἰδείη ;

Σ. Ἐὰν δὲ δὴ καὶ τὰ ἔργα μάθῃ ὡς ἔστιν ἐργαστέα, ἔτι τινὸς, ἔφην ἐγὼ, προσδεήσεται, ἢ ἀποτετελεσμένος ἤδη οὗτός σοι ἔσται ἐπίτροπος ;

Ι. Ἄρχειν γε, ἔφη, οἶμαι δεῖν αὐτὸν μαθεῖν τῶν ἐργαζομένων.

Σ. Ἦ οὖν, ἔφην ἐγὼ, σὺ καὶ ἄρχειν ἱκανοὺς εἶναι παιδεύεις τοὺς ἐπιτρόπους ;

Ι. Πειρῶμαί γε δὴ, ἔφη ὁ Ἰσχόμαχος.

Σ. Καὶ πῶς δὴ, ἔφην ἐγὼ, πρὸς τῶν θεῶν, τὸ ἀρχικοὺς εἶναι ἀνθρώπων παιδεύεις ;

Ι. Φαύλως, ἔφη, πάνυ, ὦ Σώκρατες, ὥστε ἴσως ἂν καὶ καταγελάσαις ἀκούων.

Σ. Οὐ μὲν δὴ ἄξιόν γε, ἔφην ἐγὼ, τὸ πρᾶγμα καταγέλωτος, ὦ Ἰσχόμαχε. Ὅστις γάρ τοι ἀρχικοὺς ἀνθρώπων δύναται ποιεῖν, δῆλον ὅτι οὗτος καὶ δεσποτικοὺς ἀνθρώπων δύναται διδάσκειν, ὅστις δὲ δεσποτικοὺς, δύναται ποιεῖν καὶ βασιλικούς. Ὥστε οὐ καταγέλωτός μοι δοκεῖ ἄξιος εἶναι, ἀλλ' ἐπαίνου μεγάλου, ὁ τοῦτο δυνάμενος ποιεῖν.

Ι. Οὐκοῦν, ἔφη, ὦ Σώκρατες, τὰ μὲν ἄλλα ζῷα ἐκ δυοῖν τούτοιν τὸ πείθεσθαι μανθάνουσιν[1], ἔκ τε τοῦ, ὅταν ἀπειθεῖν ἐπιχειρῶσι, κολάζεσθαι, καὶ τοῦ, ὅταν προθύμως ὑπηρετῶσιν, εὖ πάσχειν. Οἵ τε γοῦν πῶλοι μανθάνουσιν ὑπακούειν τοῖς πωλοδάμναις τῷ, ὅταν μὲν πείθωνται, τῶν ἡδέων τι αὐτοῖς γίγνεσθαι, ὅταν δὲ ἀπειθῶσι, πράγματα ἔχειν, ἔστ' ἂν ὑπηρετήσωσι κατὰ γνώμην τῷ πωλοδάμνῃ· καὶ τὰ κυνίδια δὲ πολὺ τῶν ἀνθρώπων καὶ τῇ γνώμῃ καὶ τῇ γλώττῃ ὑποδεέστερα ὄντα ὅμως καὶ περιτρέχειν καὶ κυβιστᾶν καὶ ἄλλα πολλὰ μανθάνει τῷ αὐτῷ τούτῳ τρόπῳ. Ὅταν μὲν γὰρ πείθηται, λαμβάνει τι ὧν δεῖται, ὅταν δὲ ἀμελῇ, κολάζεται. Ἀνθρώπους δ' ἔστι πιθανωτέρους ποιεῖν καὶ λόγῳ, ἐπιδεικνύοντα ὡς συμφέρει αὐτοῖς

matin et soir visiter son malade, sans savoir ce qu'il convient d'ordonner?

S. Mais quand il saura les travaux qu'il doit faire, lui manquera-t-il encore quelque chose, ou sera-t-il dès lors un contre-maître accompli?

I. Il faut, en outre, qu'il sache commander aux travailleurs.

S. Est-ce encore toi qui montres à tes contre-maîtres l'art de commander?

I. Je l'essaye, reprit Ischomachus.

S. Comment, au nom des dieux, t'y prends-tu pour rendre des hommes capables de commander?

I. Bien simplement, Socrate; aussi tu vas sans doute rire en m'écoutant.

S. Mais non, repris-je, ce n'est point là une chose risible, Ischomachus; car celui qui peut rendre des hommes capables de commander peut évidemment enseigner aussi l'art d'être maître, et celui qui peut enseigner l'art d'être maître peut enseigner également l'art d'être roi. Il n'est donc point permis de rire d'un tel homme; on lui doit plutôt de grands éloges.

I. Eh bien, Socrate, les autres animaux apprennent à obéir grâce a deux mobiles : le châtiment, quand ils essayent de désobéir, et, quand ils se prêtent au service, le bon traitement. Ainsi les poulains apprennent à obéir aux dresseurs, parce qu'on leur donne quelques douceurs quand ils obéissent; puis, quand ils désobéissent, on leur donne fort à faire, jusqu'à ce qu'ils se prêtent à la volonté du dresseur. De même les petits chiens, qui sont si inférieurs à l'homme sous le rapport de l'intelligence et du langage, apprennent cependant par le même moyen à courir en rond, à faire des culbutes, et le reste. Dès qu'ils obéissent, ils ont tout ce qu'il leur faut; quand ils se négligent, on les punit. Les hommes peuvent devenir plus obéissants au moyen de la parole, si

πείθεσθαι, τοῖς δὲ δούλοις καὶ ἡ δοκοῦσα θηριώδης παιδεία
εἶναι πάνυ ἐστὶν ἐπαγωγὸς πρὸς τὸ πείθεσθαι μανθάνειν· τῇ
γὰρ γαστρὶ αὐτῶν ἐπὶ ταῖς ἐπιθυμίαις προσχαριζόμενος ἂν
πολλὰ ἀνύτοιο παρ' αὐτῶν. Αἱ δὲ φιλότιμοι τῶν φύσεων καὶ
τῷ ἐπαίνῳ παροξύνονται. Πεινῶσι γὰρ τοῦ ἐπαίνου οὐχ ἧττον
ἔνιαι ἢ ἄλλαι τῶν σίτων τε καὶ· ποτῶν. Ταῦτά τε οὖν ὅσαπερ
αὐτὸς ποιῶν οἶμαι πιθανωτέροις ἀνθρώποις χρήσεσθαι, διδάσκω
οὓς ἂν ἐπιτρόπους βούλωμαι καταστῆσαι καὶ τάδε συλλαμβάνω
αὐτοῖς· ἱμάτιά τε γὰρ ἃ δεῖ παρέχειν ἐμὲ τοῖς ἐργαστῆρσι καὶ
ὑποδήματα οὐχ ὅμοια πάντα ποιῶ, ἀλλὰ τὰ μὲν χείρω, τὰ δὲ
βελτίω, ἵνα ᾖ τὸν κρείττω τοῖς βελτίοσι τιμᾶν, τῷ δὲ χείρονι
τὰ ἥττω διδόναι. Πάνυ γάρ μοι δοκεῖ, ἔφη, ὦ Σώκρατες,
ἀθυμία ἐγγίγνεσθαι τοῖς ἀγαθοῖς, ὅταν ὁρῶσι τὰ μὲν ἔργα δι'
αὐτῶν καταπραττόμενα, τῶν δὲ ὁμοίων τυγχάνοντας ἑαυτοῖς
τοὺς μήτε πονεῖν μήτε κινδυνεύειν ἐθέλοντας, ὅταν δέῃ. Αὐτός
τε οὖν οὐδ' ὁπωστιοῦν τῶν ἴσων ἀξιῶ τοὺς ἀμείνους τοῖς κακίοσι
τυγχάνειν, τούς τε ἐπιτρόπους, ὅταν μὲν ἴδω διαδεδωκότας
τοῖς πλείστου ἀξίοις τὰ κράτιστα, ἐπαινῶ, ἢν δὲ ἴδω ἐπὶ κολα-
κεύμασί τινα προτιμώμενον ἢ καὶ ἄλλῃ τινὶ ἀνωφελεῖ χάριτι,
οὐκ ἀμελῶ, ἀλλ' ἐπιπλήττω καὶ πειρῶμαι διδάσκειν[1], ὦ Σώκρατες, ὅτι οὐδ' αὐτῷ σύμφορα ταῦτα ποιεῖ.

XIV

Σ. Ὅταν δὲ, ὦ Ἰσχόμαχε, ἔφην ἐγὼ, καὶ ἄρχειν ἤδη ἱκανός
σοι γένηται ὥστε πειθομένους παρέχεσθαι, ἢ ἀποτετελεσμένον
τοῦτον ἡγεῖ ἐπίτροπον, ἢ ἔτι τινὸς προσδεῖται ὁ ταῦτα ἔχων ἃ
σὺ εἴρηκας;

Ι. Ναὶ μὰ Δί', ἔφη ὁ Ἰσχόμαχος, τοῦ γε ἀπέχεσθαι τῶι
δεσποσύνων καὶ μὴ κλέπτειν. Εἰ γὰρ ὁ τοὺς καρποὺς μεταχει-
ριζόμενος τολμῴη ἀφανίζειν ὥστε μηδὲ λείπειν λυσιτελοῦν-

on leur fait voir que c'est leur intérêt d'obéir; et, quant aux esclaves, l'éducation, qui se rapproche de celle de la bête, les plie
facilement à l'obéissance. En leur accordant au delà de leurs
stricts besoins, on se fait bien venir auprès d'eux. Les âmes
généreuses sont aiguillonnées par la louange. Certaines natures
ont tout autant besoin de louanges que de boire et de manger.
Tels sont donc les moyens que je crois devoir employer pour
rendre les hommes plus obéissants; je les indique à ceux dont je
veux faire des contre-maîtres, et je les seconde, en outre, de cette
manière. Lorsque je dois fournir des vêtements ou des chaussures aux travailleurs, je ne les fais pas faire tous de même qualité : j'en ai d'inférieurs et de meilleurs, afin de donner les meilleurs aux bons travailleurs, à titre de récompense, et les plus mauvais aux moins bons. Je vois en effet, Socrate, que les bons esclaves
se découragent quand ils remarquent que tout l'ouvrage se fait
par leurs mains, et que cependant on a les mêmes procédés pour
ceux qui ne travaillent pas, et qui, au besoin, ne veulent point
partager les périls. Aussi, moi, je me garde bien de mettre la même
égalité entre les bons et les mauvais travailleurs, et, si je vois
les contre-maîtres distribuer le meilleur aux meilleurs esclaves, je
les en loue; mais quand je vois quelqu'un obtenir des préféren-
ces par des flatteries ou par de vaines complaisances, loin de
fermer les yeux, je gronde le régisseur, et j'essaye de lui prouver,
Socrate, qu'en cela même il va contre ses propres intérêts.

XIV

S. Enfin, Ischomachus, repris-je, quand il est capable de commander de manière à être obéi, le crois-tu un contre-maître
accompli, ou lui manque-t-il quelque chose, quand il a tout ce
que tu viens de dire?

I. Mais oui, par Jupiter, dit Ischomachus : il faut qu'il ne touche
pas au bien de son maître et qu'il ne vole rien. Car, si celui qui
a le maniement des fruits est assez hardi pour les faire disparaître de manière à ne rien laisser qui puisse indemniser des tra-

τας τοῖς ἔργοις, τί ἂν ὄφελος εἴη τὸ διὰ τῆς τούτου ἐπιμελείας γεωργεῖν;

Σ. Ἦ καὶ ταύτην οὖν, ἔφην ἐγώ, τὴν δικαιοσύνην[1] σὺ ὑποδύει διδάσκειν;

I. Καὶ πάνυ, ἔφη ὁ Ἰσχόμαχος· οὐ μέντοι γε πάντας ἐξ ἑτοίμου εὑρίσκω ὑπακούοντας τῆς διδασκαλίας ταύτης. Καίτοι τὰ μὲν καὶ ἐκ τῶν Δράκοντος νόμων, τὰ δὲ καὶ ἐκ τῶν Σόλωνος πειρῶμαι, ἔφη, λαμβάνων ἐμβιβάζειν εἰς τὴν δικαιοσύνην. Δοκοῦσι γάρ μοι, ἔφη, καὶ οὗτοι οἱ ἄνδρες θεῖναι πολλοὺς τῶν νόμων ἐπὶ δικαιοσύνης τῆς τοιαύτης διδασκαλία. Γέγραπται γὰρ ζημιοῦσθαι ἐπὶ τοῖς κλέμμασι, καὶ δεδέσθαι τοὺς ἐγχειροῦντας καὶ θανατοῦσθαι ἤν τις ἁλῷ ποιῶν[2]. Δῆλον δ' οὖν, ἔφη, ὅτι ἔγραφον αὐτὰ βουλόμενοι ἀλυσιτελῆ ποιῆσαι τοῖς ἀδίκοις τὴν αἰσχροκέρδειαν. Ἐγὼ οὖν, ἔφη, καὶ τούτων προσφέρων ἔνια καὶ ἄλλα τῶν βασιλικῶν νόμων[3] πειρῶμαι δικαίους περὶ τὰ διαχειριζόμενα ἀπεργάζεσθαι. Ἐκεῖνοι μὲν γὰρ οἱ νόμοι ζημίαι μόνον εἰσὶ τοῖς ἁμαρτάνουσιν, οἱ δὲ βασιλικοὶ νόμοι οὐ μόνον ζημιοῦσι τοὺς ἀδικοῦντας, ἀλλὰ καὶ ὠφελοῦσι τοὺς δικαίους· ὥστε ὁρῶντες πλουσιωτέρους γιγνομένους τοὺς δικαίους τῶν ἀδίκων πολλοί, καὶ φιλοκερδεῖς ὄντες, εὖ μάλα ἐπιμένουσι τῷ μὴ ἀδικεῖν. Οὓς δ' ἂν αἰσθάνωμαι, ἔφη, ὅμως καὶ εὖ πάσχοντας ἔτι ἀδικεῖν πειρωμένους, τούτους, ὡς ἀνηκέστους πλεονέκτας ὄντας, ἤδη καὶ τῆς χειρίσεως ἀποπαύω. Οὓς δ' ἂν αὖ καταμάθω μὴ τῷ πλέον ἔχειν μόνον διὰ τὴν δικαιοσύνην ἐπαιρομένους δικαίους εἶναι, ἀλλὰ καὶ τοῦ ἐπαινεῖσθαι ἐπιθυμοῦντας ὑπ' ἐμοῦ, τούτοις ὥσπερ ἐλευθέροις ἤδη χρῶμαι, οὐ μόνον πλουτίζων ἀλλὰ καὶ τιμῶν ὡς καλούς τε κἀγαθούς. Τούτῳ γάρ μοι δοκεῖ, ἔφη, ὦ Σώκρατες, διαφέρειν ἀνὴρ φιλότιμος ἀνδρὸς φιλοκερδοῦς, τῷ ἐθέλειν, ἐπαίνου καὶ τιμῆς ἕνεκα, καὶ πονεῖν καὶ κινδυνεύειν ὅπου δεῖ, καὶ αἰσχρῶν κερδῶν ἀπέχεσθαι.

vaux, à quoi sert de cultiver la terre par l'entremise d'un pareil homme?

S. Est-ce toi, lui dis-je, qui te charges aussi de donner des leçons de justice ?

I. Oui, dit Ischomachus; mais il s'en faut bien que je trouve tous les esprits disposés à les recevoir. Je prends en partie dans les lois de Dracon, en partie dans celles de Solon, pour enseigner la justice à mes serviteurs. Il me semble, en effet, que ces grands hommes ont donné beaucoup de lois propres à inspirer cette sorte de justice. Des châtiments y sont prononcés contre le vol : la prison pour la tentative, la mort pour le flagrant délit. Il est évident continua-t-il, qu'ils ont prononcé ces peines pour rendre infructueux aux fripons leur gain sordide. Pour ma part, c'est en empruntant quelques-unes de ces lois, auxquelles j'ajoute quelques ordonnances royales, que je m'efforce de rendre mes serviteurs fidèles dans leur gestion. Ces lois, en effet, n'offrent que des peines aux délinquants, tandis que les ordonnances royales, à côté de la peine pour le délit, offrent des prix à la fidélité; de sorte que beaucoup de gens, même épris du gain, voyant l'homme juste devenir plus riche que l'injuste, s'abstiennent de toute injustice. Ceux que je vois, malgré mes bons traitements, s'efforcer de mal faire, je les considère comme atteints d'une cupidité incurable, et je les mets hors de service; tandis que ceux que je vois non seulement heureux du sort meilleur que leur procure la justice de leur conduite, mais désireux de mériter mes éloges, je les traite comme des hommes libres, je les enrichis et je les honore comme des gens beaux et bons. Car, si je ne m'abuse, Socrate, l'homme avide d'estime diffère de l'homme avide de gain en ce qu'il n'a en vue que les éloges et l'estime, soit lorsqu'il travaille, soit lorsqu'il brave les dangers, soit lorsqu'il s'abstient de honteux profits.

XV

Σ. Ἀλλὰ μέντοι ἐπειδάν γε ἐμποιήσῃς τινὶ τὸ βούλεσθαί σοι εἶναι τἀγαθά, ἐμποιήσῃς δὲ τῷ αὐτῷ τούτῳ ἐπιμελεῖσθαι ὅπως ταῦτά σοι ἐπιτελῆται, ἔτι δὲ πρὸς τούτοις ἐπιστήμην κτήσῃ αὐτῷ, ὡς ἂν ποιούμενα ἕκαστα τῶν ἔργων ὠφελιμώ- τατα γίγνοιτο, πρὸς δὲ τούτοις ἄρχειν ἱκανὸν αὐτὸν ποιήσῃς, ἐπὶ δὲ τούτοις πᾶσιν ἥδηταί σοι τὰ ἐκ τῆς γῆς ὡραῖα ἀποδει- κνύων ὅτι πλεῖστα ὥσπερ σὺ σαυτῷ, οὐκέτι ἐρήσομαι περὶ τούτου εἰ ἔτι τινὸς ὢν τοιοῦτος προσδεῖται · πάνυ γάρ μοι δοκεῖ ἤδη πολλοῦ ἂν ἄξιος εἶναι ἐπίτροπος ὁ τοιοῦτος. Ἐκεῖνο μέντοι, ἔφην ἐγώ, « ὦ Ἰσχόμαχε, μὴ ἀπολίπῃς, ὃ ἡμῖν ἀργότατα ἐπιδεδράμηται τοῦ λόγου.

I. Τὸ ποῖον; ἔφη ὁ Ἰσχόμαχος.

Σ. Ἔλεξας δήπου, ἔφην ἐγώ, ὅτι μέγιστον εἴη μαθεῖν ὅπως δεῖ ἐξεργάζεσθαι ἕκαστα · εἰ δὲ μή, οὐδὲ τῆς ἐπιμελείας ἔφησθα ὄφελος οὐδὲν γίγνεσθαι. Ἀλλὰ ταῦτα μὲν ἐγώ, ἔφην ὦ Ἰσχόμαχε, ἱκανῶς δοκῶ καταμεμαθηκέναι, ᾗ εἶπας ὡς δεῖ διδάσκειν τὸν ἐπίτροπον · καὶ γὰρ ᾗ ἔφησθα εὔνουν σοι ποιεῖν αὐτὸν μαθεῖν δοκῶ, καὶ ᾗ ἐπιμελῆ καὶ ἀρχικὸν καὶ δίκαιον. Ὁ δὲ εἶπας ὡς δεῖ μαθεῖν τὸν μέλλοντα ὀρθῶς γεωρ- γίας ἐπιμελεῖσθαι καὶ ἃ δεῖ ποιεῖν καὶ ὡς δεῖ καὶ ὁπότε ἕκαστα, ταῦτά μοι δοκοῦμεν, ἔφην ἐγώ, ἀργότερόν πως ἐπιδεδραμη- κέναι τῷ λόγῳ. Ὥσπερ εἰ εἴποις ὅτι δεῖ γράμματα ἐπίστασθαι τὸν μέλλοντα δυνήσεσθαι τὰ ὑπαγορευόμενα γράφειν καὶ τὰ γεγραμμένα ἀναγιγνώσκειν. Ταῦτα γὰρ ἐγὼ ἀκούσας, ὅτι μὲν δεῖ γράμματα ἐπίστασθαι ἠκηκόειν ἄν, τοῦτο δὲ εἰδώς, οὐδέν τι, οἶμαι, μᾶλλον ἂν ἐπισταίμην γράμματα. Οὕτω δὲ καὶ νῦν ὅτι μὲν δεῖ ἐπίστασθαι γεωργίαν τὸν μέλλοντα ὀρθῶς ἐπιμελεῖσθαι αὐτῆς ῥᾳδίως πέπεισμαι, τοῦτο μέντοι εἰδώς, οὐδέν τι μᾶλλον ἐπίσταμαι ὅπως δεῖ γεωργεῖν. Ἀλλ' εἴ μοι αὐτίκα μάλα δόξειε

XV

S. Je suppose que tu as inspiré à un homme le désir de voir
prospérer ta chose, et l'ardeur nécessaire pour travailler à ton
bien; tu lui as donné les instructions nécessaires pour tirer le
plus d'avantages de chacun des travaux exécutés chez toi; de
plus, tu l'as rendu capable de commander; enfin il se plaît à
t'offrir la plus grande quantité possible de fruits mûris dans leur
saison; c'est un autre toi-même : je ne demanderai donc plus, au
sujet de cet homme, s'il lui manque encore quelque chose : c'est
un vrai trésor qu'un pareil contre-maître. Mais n'oublie pas,
Ischomachus, un point que nous n'avons fait qu'effleurer en courant.

I. Qu'est-ce donc? reprit Ischomachus.

S. Tu m'as dit, je crois, que la grande affaire était de savoir
comment chaque chose doit se pratiquer; qu'autrement la surveillance devient inutile. Il est vrai, Ischomachus, que j'ai parfaitement compris, d'après ce que tu as dit, quelles sont les
instructions qu'il faut donner à un contre-maître; car je crois
avoir bien saisi les procédés par lesquels tu le rends attaché à
ta personne, soigneux, capable de commander et juste; mais
ce que doit étudier celui qui veut devenir bon agriculteur, ce
qu'il doit faire, et quand, et comment, il me semble que nous
n'avons fait que l'effleurer en courant. Si tu me disais qu'il
faut être versé dans l'écriture, lorsqu'on veut soit écrire sous la
dictée, soit lire ce que l'on a écrit, j'entendrais seulement qu'il
faut posséder l'art de l'écriture, mais je n'en saurais pas plus
écrire. De même à présent je n'ai pas de peine à comprendre
qu'un bon contre-maître doit connaître l'agriculture; mais, en
sachant cela, je n'en suis pas plus avancé sur les principes
de cet art. Si, dans ce moment même, je me décidais à cultiver,

γεωργεῖν, ὅμοιος ἄν μοι δοκῶ εἶναι [1] τῷ περιιόντι ἰατρῷ [2] καὶ
ἐπισκοποῦντι τοὺς κάμνοντας, εἰδότι δὲ οὐδὲν ὅ τι συμφέρει
τοῖς κάμνουσιν. Ἵν' οὖν μὴ τοιοῦτος ὦ, ἔφην ἐγώ, δίδασκέ με
αὐτὰ τὰ ἔργα τῆς γεωργίας.

Ἐνταῦθα δὴ εἶπεν ὁ Ἰσχόμαχος·

Ι. Τὴν τέχνην με ἤδη, ὦ Σώκρατες, κελεύεις αὐτὴν διδάσκειν τῆς γεωργίας;

Σ. Αὐτὴ γὰρ ἴσως, ἔφην ἐγώ, ἥδε ἐστὶν ἡ ποιοῦσα τοὺς
μὲν ἐπισταμένους αὐτὴν πλουσίους, τοὺς δὲ μὴ ἐπισταμένους
πολλὰ πονοῦντας ἀπόρως βιοτεύειν.

Ι. Ἀλλὰ μὴν, ἔφη, ὦ Σώκρατες, οὐχ ὥσπερ γε τὰς ἄλλας
τέχνας κατατριβῆναι δεῖ μανθάνοντας πρὶν ἄξια τῆς τροφῆς
ἐργάζεσθαι τὸν διδασκόμενον [3], οὐχ οὕτω καὶ ἡ γεωργία δύσκο-
λός ἐστι μαθεῖν, ἀλλὰ τὰ μὲν ἰδὼν ἂν [4] ἐργαζομένους, τὰ
δὲ ἀκούσας, εὐθὺς ἂν ἐπίσταιο, ὥστε καὶ ἄλλον, εἰ βούλοιο,
διδάσκειν. Οἶμαι δ', ἔφη, πάνυ καὶ λεληθέναι πολλά σε αὐτὸν
ἐπιστάμενον αὐτῆς. Καὶ γὰρ δὴ οἱ μὲν ἄλλοι τεχνῖται ἀπο-
κρύπτονταί πως τὰ ἐπικαιριώτατα ἧς ἕκαστος ἔχει τέχνης,
τῶν δὲ γεωργῶν ὁ κάλλιστα μὲν φυτεύων μάλιστ' ἂν ἥδοιτο, εἴ
τις αὐτὸν θεῷτο, ὁ κάλλιστα δὲ σπείρων ὡσαύτως· ὅ τι δὲ ἔροιο
τῶν καλῶς πεποιημένων, οὐδὲν ὅ τι ἄν σε ἀποκρύψαιτο ὅπως
ἐποίησεν. Οὕτω καὶ τὰ ἤθη, ὦ Σώκρατες, ἔφη, γενναιο-
τάτους τοὺς αὐτῇ συνόντας ἡ γεωργία ἔοικε παρέχεσθαι. Νῦν
τοίνυν, ἔφη, ὦ Σώκρατες, καὶ τὴν φιλανθρωπίαν αὐτῆς τῆς
τέχνης ἀκούσει. Τὸ γὰρ ὠφελιμωτάτην οὖσαν καὶ ἡδίστην
ἐργάζεσθαι καὶ καλλίστην καὶ προσφιλεστάτην θεοῖς τε καὶ
ἀνθρώποις ἔτι πρὸς τούτοις καὶ ῥᾴστην εἶναι μαθεῖν πῶς οὐχὶ
γενναῖόν ἐστι; γενναῖα δὲ δήπου καλοῦμεν καὶ τῶν ζῴων [5] ὁπόσα
καλὰ καὶ μεγάλα καὶ ὠφέλιμα ὄντα πρᾳέα ἐστὶ πρὸς τοὺς
ἀνθρώπους.

Σ. Ἀλλὰ τὸ μὲν προοίμιον, ἔφην ἐγώ, καλὸν καὶ οὐχ
οἷον ἀκούσαντα ἀποτρέπεσθαι τοῦ ἐρωτήματος· σὺ δὲ, ὅτι

je ressemblerais, selon moi, à un médecin qui ferait des visites, et examinerait l'état de ses malades sans savoir ce qui convient à leur mal. Ainsi, pour m'épargner cette ressemblance, apprends-moi en quoi consistent les travaux agricoles.

I. C'est-à-dire, reprit Ischomachus, que tu veux que je te donne une leçon d'agriculture?

S. C'est qu'en effet, repris-je, l'agriculture enrichit ceux qui la connaissent, tandis que ceux qui ne la connaissent pas ont grand\ peine à vivre, malgré le mal qu'ils se donnent.

I. Il n'en est point ici, Socrate, comme des autres arts, qui exigent un long apprentissage de ceux qui les étudient, avant qu'ils en vivent honorablement; l'agriculture n'est pas si difficile à apprendre; mais regarde travailler le cultivateur, écoute-le, et bientôt tu en sauras assez pour donner, si tu veux, des leçons à d'autres. Je te crois même fort avancé, sans que tu t'en doutes. Les autres artistes semblent, en général, réserver pour eux seuls les finesses de leur art, tandis que l'agriculteur le plus habile à planter, le plus habile à semer, est content quand on l'observe. Questionnez-le sur les procédés qui lui réussissent, il ne vous cache rien des moyens qu'il emploie, tant l'agriculture excelle à donner un caractère généreux à ceux qui l'exercent. Eh bien, Socrate, tu vas juger combien cet art est ami de l'homme. Cet art, le plus utile de tous, le plus agréable à exercer, le plus beau, le plus cher aux dieux et aux hommes, et, par-dessus tout, le plus facile à apprendre, comment ne serait-il pas aussi l'un des plus nobles? N'appelons-nous pas nobles ceux des animaux qui sont beaux, grands, utiles, doux envers les hommes?

S. Voilà, dis-je, un beau début, et bien fait pour inviter un auditeur à questionner. Mais toi, vu la facilité de la matière, prends la

εὐπετές ἐστι μαθεῖν, διὰ τοῦτο πολύ μοι μᾶλλον διέξιθι αὐτήν.
Οὐ γὰρ σοὶ αἰσχρὸν τὰ ῥᾴδια διδάσκειν ἐστὶν, ἀλλ' ἐμοὶ πολὺ
αἴσχιον μὴ ἐπίστασθαι ἄλλως τε καὶ εἰ χρήσιμα ὄντα τυγ-
χάνει.

XVI

Ι. Πρῶτον μὲν τοίνυν, ἔφη, ὦ Σώκρατες, τοῦτο ἐπιδεῖξαι
βούλομαί σοι ὡς οὐ χαλεπόν ἐστιν ὃ λέγουσι ποικιλώτατον
τῆς γεωργίας εἶναι οἱ λόγῳ μὲν ἀκριβέστατα αὐτὴν διεξιόντες,
ἥκιστα δὲ ἐργαζόμενοι. Φασὶ γὰρ τὸν μέλλοντα ὀρθῶς γεωργήσειν τὴν φύσιν χρῆναι πρῶτον τῆς γῆς εἰδέναι.

Σ. Ὀρθῶς, γε ἔφην ἐγὼ, ταῦτα λέγοντες. Ὁ γὰρ μὴ εἰδὼς
ὅ τι δύναται ἡ γῆ φέρειν, οὐδ' ὅ τι σπείρειν, οἶμαι, οὐδ' ὅ τι
φυτεύειν δεῖ εἰδείη ἄν.

Ι. Οὐκοῦν ἔφη, ὁ Ἰσχόμαχος, καὶ ἀλλοτρίας γῆς τοῦτο
ἔστι γνῶναι ὅ τι τε δύναται φέρειν καὶ ὅ τι μὴ δύναται,
ὁρῶντα τοὺς καρποὺς καὶ τὰ δένδρα. Ἐπειδὰν μέντοι γνῷ τις,
οὐκέτι συμφέρει θεομαχεῖν[1]. Οὐ γὰρ ἄν, ὅτου δέοιτο αὐτὸς,
τοῦτο σπείρων καὶ φυτεύων, μᾶλλον ἂν ἔχοι τὰ ἐπιτήδεια ἢ ὅ τι
ἡ γῆ ἥδοιτο φύουσα καὶ τρέφουσα. Ἢν δ' ἄρα δι' ἀργίαν τῶν
ἐχόντων αὐτὴν μὴ ἔχῃ τὴν ἑαυτῆς δύναμιν ἐπιδεικνύναι, ἔστι
καὶ παρὰ γείτονος τόπου πολλάκις ἀληθέστερα περὶ αὐτῆς γνῶναι ἢ παρὰ γείτονος ἀνθρώπου πυθέσθαι. Καὶ χερσεύουσα δὲ
ὅμως ἐπιδείκνυσι τὴν αὐτῆς φύσιν · ἡ γὰρ τὰ ἄγρια καλὰ φύουσα
δύναται θεραπευομένη καὶ τὰ ἥμερα καλὰ ἐκφέρειν. Φύσιν μὲν
δὴ γῆς οὕτω καὶ οἱ μὴ πάνυ ἔμπειροι γεωργίας ὅμως δύνανται
διαγιγνώσκειν.

Σ. Ἀλλὰ τοῦτο μὲν, ἔφην ἐγὼ, ὦ Ἰσχόμαχε, ἱκανῶς ἤδη
μοι δοκῶ ἀποτεθαρρηκέναι ὡς οὐ δεῖ, φοβούμενον μὴ οὐ
γνῶ τῆς γῆς φύσιν, ἀπέχεσθαι γεωργίας. Καὶ γὰρ δὴ, ἔφην,
ἀνεμνήσθην τὸ τῶν ἁλιέων, ὅτι θαλαττουργοὶ ὄντες[2], ὅμως

peine, pour cela même, d'entrer dans de longs détails. Il n'y a
point de honte pour toi à enseigner des choses faciles ; mais ce
serait pour moi une grande honte d'ignorer ce qui est d'une si
haute importance. »

XVI

I. Et d'abord, Socrate, me dit-il, je veux te démontrer qu'il n'y
a point la moindre difficulté dans ces finesses qu'attribuent à
l'agriculture ceux qui en dissertent merveilleusement en paroles,
mais qui n'y entendent rien en pratique. Ils vous disent que, pour
être bon agriculteur, il faut commencer par connaître la nature
du sol.

S. Ils ont raison, repris-je, de parler ainsi ; car, si l'on ne sait
pas ce qu'un terrain peut porter, on ne saura pas, je crois ce qu'on
doit semer ou planter.

I. Mais, répondit Ischomachus, on acquiert même sur le terrain
d'autrui la connaissance de ce qu'il peut porter ou non, en voyant
les fruits et les arbres ; et, une fois cette connaissance acquise, il
ne faut plus aller contre la volonté des dieux. Ce n'est point en
plantant ou en semant suivant nos besoins que nous obtiendrons
de meilleures récoltes, c'est en examinant ce que la terre aime à produire et à nourrir. Si, par suite de la négligence de ceux qui la
possèdent, elle ne montre pas ce qu'on peut tirer d'elle, souvent
la terre du voisin donnera des renseignements plus précis que le
voisin lui-même. Même en friche, elle indique encore sa nature : car
un terrain qui donne de beaux produits sauvages peut, avec des
soins, donner de beaux produits cultivés ; et voilà comment la
nature d'un terrain peut être reconnue par ceux même qui ne sont
pas du tout versés dans l'agriculture.

S. Dès ce moment, Ischomachus, repris-je, je me sens quelque
confiance ; je ne dois pas renoncer à l'agriculture par la crainte de
mal juger la nature de la terre. D'ailleurs, je songe aux pêcheurs

οὐκ ὀκνοῦσιν ἀποφαίνεσθαι περὶ τῆς γῆς ὁποία τε ἀγαθή ἐστι
καὶ ὁποία κακὴ, ἀλλὰ τὴν μὲν ψέγουσι, τὴν δ' ἐπαινοῦσι· καὶ
πανυ τοίνυν τοῖς ἐμπείροις γεωργίας ὁρῶ αὐτοὺς τὰ πλεῖστα
κατὰ ταὐτὰ ἀποφαινομένους.

I. Πόθεν οὖν βούλει, ἔφη, ὦ Σώκρατες, ἄρξωμαί σε τῆς
γεωργίας ὑπομιμνήσκειν; Οἶδα γὰρ ὅτι ἐπισταμένῳ σοι πάνυ
πολλὰ φράσω ὡς δεῖ γεωργεῖν.

Σ. Ἐκεῖνό μοι δοκῶ, ἔφην ἐγώ, ὦ Ἰσχόμαχε, πρῶτον ἂν
ἡδέως μανθάνειν, φιλοσόφου γὰρ μάλιστά ἐστιν ἀνδρὸς, ὅπως
ἂν ἐγώ, εἰ βουλοίμην, γῆν ἐργαζόμενος πλείστας κριθὰς καὶ
πλείστους πυροὺς λαμβάνοιμι.

I. Οὐκοῦν τοῦτο μὲν οἶσθα ὅτι τῷ σπόρῳ νεὸν δεῖ προεργάζεσθαι;

Σ Οἶδα γάρ, ἔφην ἐγώ.

I. Εἰ οὖν ἀρχοίμεθα, ἔφη, ἀροῦν τὴν γῆν χειμῶνος;

Σ. Ἀλλὰ πηλὸς ἂν εἴη, ἐγὼ ἔφην.

I. Ἀλλὰ τοῦ θέρους σοι δοκεῖ;

Σ. Σκληρὰ, ἔφην ἐγώ, ἡ γῆ ἔσται κινεῖν τῷ ζεύγει.

I. Κινδυνεύει ἔαρος, ἔφη, εἶναι τούτου τοῦ ἔργου ἀρκτέον.

Σ. Εἰκὸς γάρ », ἔφην ἐγώ, ἐστι μάλιστα χεῖσθαι[1] τὴν γῆν
τηνικαῦτα κινουμένην.

I. Καὶ τὴν πόαν γε ἀναστρεφομένην, ἔφη, ὦ Σώκρατες,
τηνικαῦτα κόπρον μὲν τῇ γῇ ἤδη παρέχειν, καρπὸν δ' οὔπω
καταβάλλειν ὥστε φύεσθαι. Οἶμαι γὰρ δὴ καὶ τοῦτό σ' ἔτι
γιγνώσκειν ὅτι, εἰ μέλλει ἀγαθὴ ἡ νεὸς ἔσεσθαι, ὕλης[2] τε
δεῖ καθαρὰν αὐτὴν εἶναι καὶ ὀπτὴν[3] ὅτι μάλιστα πρὸς τοῦ
ἡλίου.

Σ. Πάνυ γε, ἔφην ἐγώ, καὶ ταῦτα οὕτως ἡγοῦμαι χρῆναι
ἔχειν.

I. Ταῦτ' οὖν, ἔφη, οὐ ἄλλως πως νομίζεις μᾶλλον ἂν
γίγνεσθαι ἢ εἰ ἐν τῷ θέρει ὅτι πλειστάκις μεταβάλοι τις τὴν
γῆν;

qui, presque toujours sur mer, n'hésitent point cependant à déclarer que telle terre est bonne et telle autre mauvaise, mais blâment celle-ci et vantent celle-là; et je vois qu'en général les agriculteurs habiles jugent de même de la qualité d'une terre.

I. Par où veux-tu, Socrate, que je commence à te remettre en mémoire l'agriculture? Car je vois que tu en sais déjà beaucoup sur les procédés agricoles.

S. Il me semble, Ischomachus, que ce que j'apprendrais le plus volontiers, comme le plus digne d'un philosophe, c'est à façonner la terre de manière à récolter à volonté le plus d'orge et le plus de blé possible.

I. Sais-tu qu'avant d'ensemencer il faut labourer?

S. Oui, dis-je.

I. Eh bien! si nous commencions le labour en hiver?

S. Nous ne trouverions que de la boue.

I. Et en été, qu'en penses-tu?

S. La terre serait trop dure à remuer pour l'attelage.

I. Le printemps m'a bien l'air du moment favorable pour commencer ce travail.

S. C'est, en effet, dans cette saison surtout que la terre est plus friable et se prête à la façon.

I. Et puis, Socrate, l'herbe coupée sert immédiatement d'engrais, sans donner de graine qui la fasse repousser. Or tu sais bien, je pense, que, pour qu'une jachère entre en rapport, il faut qu'elle soit débarrassée des mauvaises herbes et exposée à la pleine chaleur du soleil.

S. Je suis tout à fait convaincu, repris-je, qu'il en doit être ainsi.

I. Maintenant, reprit-il, penses-tu qu'on puisse s'y prendre autrement qu'en donnant à son champ le plus de façons possible durant l'été?

Σ. Οἶδα μὲν οὖν, ἔφην, ἀκριβῶς ὅτι οὐδαμῶς ἂν μᾶλλον ἡ μὶν ὕλη ἐπιπολάζοι καὶ αὐαίνοιτο ὑπὸ τοῦ καύματος, ἢ δὲ γῆ ὀπτῷτο ὑπὸ τοῦ ἡλίου, ἢ εἴ τις αὐτὴν ἐν μίσῳ τῷ θέρει καὶ ἐν μέσῃ τῇ ἡμέρᾳ κινοίη τῷ ζεύγει.

Ι. Εἰ δὲ ἄνθρωποι σκάπτοντες τὴν νεὸν ποιοῖεν, ἔφη, οὐκ εὔδηλον ὅτι τούτους καὶ δίχα δεῖ ποιεῖν τὴν γῆν καὶ τὴν ὕλην;

Σ. Καὶ τὴν μέν γε ὕλην, ἔφην ἐγώ, καταβάλλειν, ὡς αὐαίνηται, τὴν δὲ γῆν στρέφειν, ὡς ἡ ὠμὴ[1] αὐτῆς ὀπτᾶται.

XVII

Ι. Περὶ μὲν τῆς νεοῦ ὁρᾷς, ἔφη, ὦ Σώκρατες, ὡς ἀμφοτέροις ἡμῖν ταὐτὰ δοκεῖ.

Σ. Δοκεῖ γὰρ οὖν, ἔφην ἐγώ.

Ι. Περί γε μέντοι τοῦ σπόρου ὥρας ἄλλο τι, ἔφη, ὦ Σώκρατες, γιγνώσκεις ἢ τὴν ὥραν σπείρειν ἧς πάντες μὲν οἱ πρόσθεν ἄνθρωποι πεῖραν λαβόντες, πάντες δὲ οἱ νῦν λαμβάνοντες, ἐγνώκασι κρατίστην εἶναι; ἐπειδὰν γὰρ ὁ μετοπωρινὸς χρόνος ἔλθῃ, πάντες που οἱ ἄνθρωποι πρὸς τὸν θεὸν ἀποβλέπουσιν, ὁπότε βρέξας τὴν γῆν ἐφήσει αὐτοῖς σπείρειν.

Σ. Ἐγνώκασι δή, ἔφην ἐγώ, ὦ Ἰσχόμαχε, καὶ τὸ μὴ ἐν ξηρᾷ σπείρειν ἑκόντες εἶναι πάντες ἄνθρωποι, δῆλον ὅτι[2] πολλαῖς ζημίαις παλαίσαντες οἱ πρὶν κελευσθῆναι ὑπὸ τοῦ θεοῦ σπείραντες.

Ι. Οὐκοῦν ταῦτα μὲν, ἔφη ὁ Ἰσχόμαχος, ὁμογνωμονοῦμεν πάντες οἱ ἄνθρωποι.

Σ. Ἃ γὰρ ὁ θεὸς διδάσκει, ἔφην ἐγώ, οὕτω γίγνεται ὁμονοεῖν· οἷον ἅμα πᾶσι δοκεῖ βέλτιον εἶναι ἐν τῷ χειμῶνι παχέα ἱμάτια φορεῖν, ἢν δύνωνται, καὶ πῦρ κάειν ἅμα πᾶσι δοκεῖ, ἢν ξύλα ἔχωσιν.

S. Je sais parfaitement, lui dis-je, qu'il n'y a pas de meilleur moyen pour faire monter les mauvaises herbes à la surface, les dessécher par la chaleur, et exposer la terre au grand soleil, que de la remuer avec l'attelage au cœur de l'été et au milieu du jour.

I. Et si ce sont des hommes qui labourent la terre à la bêche, n'est-il pas évident qu'ils devront renverser la terre d'un côté et les mauvaises herbes de l'autre?

S. Oui, repris-je, et, de plus, les coucher de sorte qu'elles sèchent à la surface du sol, puis remuer la terre pour en recuire la crudité. »

XVII

I. Au sujet de la façon, tu le vois, Socrate, nous sommes tous les deux du même avis.

S. Oui, lui dis-je.

I. Maintenant, sur le temps des semailles, as-tu, Socrate, une opinion particulière, ou crois-tu que la saison de semer est bien celle dont nos devanciers ont fait l'épreuve, celle que tous les cultivateurs d'aujourd'hui ont adoptée comme étant la meilleure? Quand la saison d'automne est venue, tous les hommes ont les yeux tournés vers le ciel, et attendent que le dieu versant la pluie sur la terre leur permette d'ensemencer.

S. C'est un fait reconnu, Ischomachus, parmi tous les hommes, qu'il ne faut pas volontairement semer dans un terrain sec; et l'on a vu nombre de gens punis par de grands dommages pour avoir fait leurs semailles avant l'ordre de la divinité.

I. Ainsi, reprit Ischomachus, voilà un point sur lequel tous les hommes sont d'accord.

S. En effet, sur ce que la divinité enseigne, il n'y a point de partage. Par exemple, tous les hommes ensemble croient qu'il vaut mieux en hiver porter des vêtements épais, si l'on peut; tous sont d'avis qu'il faut faire du feu, si l'on a du bois.

Ι. Ἀλλ' ἐν τῷδε, ἔφη ὁ Ἰσχόμαχος, πολλοὶ ἤδη διαφέρονται, ὦ Σώκρατες, περὶ τοῦ σπόρου, πότερον ὁ πρώιμος¹ κράτιστος ἢ ὁ μέσος ἢ ὁ ὀψιμώτατος.

Σ. Ἀλλ' ὁ θεὸς, ἔφην ἐγώ, οὐ τεταγμένως τὸ ἔτος ἄγει, ἀλλὰ τὸ μὲν τῷ πρωίμῳ κάλλιστα, τὸ δὲ τῷ μέσῳ, τὸ δὲ τῷ ὀψιμωτάτῳ.

Ι. Σὺ οὖν, ἔφη, ὦ Σώκρατες, πότερον ἡγεῖ κρεῖττον εἶναι ἑνὶ τούτων τῶν σπόρων χρῆσθαι ἐκλεξάμενον, ἐάν τε πολύ, ἐάν τε ὀλίγον σπέρμα σπείρῃ τις, ἢ ἀρξάμενον ἀπὸ τοῦ πρωιμωτάτου μέχρι τοῦ ὀψιμωτάτου σπείρειν;

Καὶ ἐγὼ εἶπον·

Σ. Ἐμοὶ μέν, ὦ Ἰσχόμαχε, δοκεῖ κράτιστον εἶναι παντὸς μετέχειν σπόρου. Πολὺ γὰρ νομίζω κρεῖττον εἶναι ἀεὶ ἀρκοῦντα σῖτον λαμβάνειν ἢ ποτὲ μὲν πάνυ πολύν, ποτὲ δὲ μηδ' ἱκανόν.

Ι. Καὶ τοῦτο τοίνυν σύγε, ἔφη, ὦ Σώκρατες, ὁμογνωμονεῖς ἐμοὶ ὁ μανθάνων τῷ διδάσκοντι, καὶ ταῦτα πρόσθεν ἐμοῦ τὴν γνώμην ἀποφαινόμενος.

Σ. Τί δ' ἄρ', ἔφην ἐγώ, ἐν τῷ ῥιπτεῖν τὸ σπέρμα ποικίλη τέχνη ἔνεστι;

Ι. Πάντως, ἔφη, ὦ Σώκρατες, ἐπισκεψώμεθα καὶ τοῦτο. Ὅτι μὲν γὰρ ἐκ τῆς χειρὸς δεῖ ῥιπτεῖσθαι τὸ σπέρμα καὶ σύ που οἶσθα, ἔφη.

Σ. Καὶ γὰρ ἑώρακα, ἔφην ἐγώ.

Ι. Ῥιπτεῖν δέ γε, ἔφη, οἱ μὲν ὁμαλῶς δύνανται, οἱ δ' οὔ.

Σ. Οὐκοῦν τοῦτο μέν, ἔφην ἐγώ, ἤδη μελέτης δεῖται, ὥσπερ τοῖς κιθαρισταῖς, ἡ χεὶρ ὅπως δύνηται ὑπηρετεῖν τῇ γνώμῃ.

Ι. Πάνυ μὲν οὖν, ἔφη· ἢν δέ γε ᾖ, ἔφη, ἡ γῆ ἡ μὲν λεπτοτέρα, ἡ δὲ παχυτέρα;

. I. On diffère pourtant d'avis, Socrate, sur l'article des semailles ; on se demande quel est le moment le meilleur de la saison, le commencement, le milieu ou la fin.

S. Mais la divinité, repris-je, ne fixe pas invariablement le cours de l'année : une année, il vaut mieux semer au commencement, une autre année, au milieu, et, telle autre, à la fin.

I. Pour toi, Socrate, y a-t-il des époques que tu croies meilleures, et que l'on doive choisir quand on a peu ou beaucoup à semer ? ou bien faut-il commencer les semailles avec la saison et les continuer jusqu'à la fin ?.

S. Je crois, Ischomachus, lui dis-je, que le plus avantageux est de semer aux trois époques. Je crois qu'il vaut bien mieux avoir toute l'année une récolte suffisante que d'avoir tantôt abondance et tantôt disette.

I. Eh bien ! Socrate, te voilà encore, toi, mon disciple, de l'avis de ton maître, et même tu te prononces avant moi.

S. Mais y a-t-il, Ischomachus, repris-je, différents procédés pour jeter la semence ?

I. Voilà, Socrate, une chose qui mérite encore toute notre attention. Tu sais probablement que c'est avec la main qu'on doit jeter la semence ?

S. Oui, car je l'ai vu.

I. Les uns ont l'adresse de la jeter également, et les autres ne l'ont pas.

S. La main, repris-je, a donc besoin d'être exercée comme celle des théoristes, pour être en état de seconder l'intention.

I. C'est cela même, dit-il. Mais si une terre est plus maigre et l'autre plus grasse ?

Σ Τί τοῦτο, ἐγὼ ἔφην, λέγεις; Ἀρά γε τὴν μὲν λεπτο-
τέραν ὅπερ ἀσθενεστέραν, τὴν δὲ παχυτέραν ὅπερ ἰσχυρο-
τέραν;

Ι. Τοῦτ', ἔφη, λέγω, καὶ ἐρωτῶ γέ σε πότερον ἴσον ἂν
ἑκατέρᾳ τῇ γῇ σπέρμα διδοίης ἢ ποτέρᾳ ἂν πλέον.

Σ. Τῷ μὲν οἴνῳ, ἔφην, ἔγωγε νομίζω τῷ ἰσχυροτέρῳ πλέον
ἐπιχεῖν ὕδωρ, καὶ ἀνθρώπῳ τῷ ἰσχυροτέρῳ πλέον βάρος, ἐὰν
δέῃ τι φέρειν, ἐπιτιθέναι, κἂν δέῃ τρέφεσθαί τινας, τοῖς
δυνατωτέροις¹ τρέφειν ἂν τοὺς πλείους προστάξαιμι. Εἰ δὲ ἡ
ἀσθενὴς γῆ ἰσχυροτέρα, ἔφην ἐγὼ, γίγνεται, ἤν τις πλείονα
καρπὸν αὐτῇ ἐμβάλῃ, ὥσπερ τὰ ὑποζύγια, τοῦτο σύ με
δίδασκε.

Καὶ ὁ Ἰσχόμαχος γελάσας εἶπεν·

Ι. Ἀλλὰ παίζεις μὲν σύγε, ἔφη, ὦ Σώκρατες. Εὖ γε μέντοι, ἔφη, ἴσθι, ἢν μὲν ἐμβαλὼν τὸ σπέρμα τῇ γῇ, ἔπειτα, ἐν
ᾧ πολλὴν ἔχει τροφὴν ἀπὸ τοῦ οὐρανοῦ χλόης γενομένης,
καταστρέψῃς αὐτὸ πάλιν, τοῦτο γίγνεται σῖτος τῇ γῇ, καὶ
ὥσπερ ὑπὸ κόπρου ἰσχὺς αὐτῇ ἐγγίγνεται· ἢν μέντοι ἐκτρέφειν
ἐᾷς τὴν γῆν διὰ τέλους τὸ σπέρμα εἰς καρπὸν, χαλεπὸν τῇ
ἀσθενεῖ γε ἐς τέλος πολὺν καρπὸν ἐκφέρειν. Καὶ σῦ δὲ ἀσθενεῖ
χαλεπὸν πολλοὺς ἁδροὺς χοίρους ἐκτρέφειν.

Σ. Λέγεις σύ, ἔφην ἐγὼ, ὦ Ἰσχόμαχε, τῇ ἀσθενεστέρᾳ
γῇ μεῖον δεῖν τὸ σπέρμα ἐμβαλεῖν;

Ι. Ναὶ μὰ Δί', ἔφη, ὦ Σώκρατες, καὶ σύ γε συνομολογεῖς,
λέγων ὅτι νομίζεις τοῖς ἀσθενεστέροις πᾶσι μείω προστάττειν
πράγματα.

Σ. Τοὺς δὲ δὴ σκαλέας, ἔφην ἐγὼ, ὦ Ἰσχόμαχε, τίνος ἕνεκα
ἐμβάλλετε τῷ σίτῳ;

Ι. Οἶσθα δήπου, ἔφη, ὅτι ἐν τῷ χειμῶνι πολλὰ ὕδατα
γίγνεται.

Σ. Τί γὰρ οὔκ; ἔφην ἐγώ.

Ι. Οὐκοῦν θῶμεν τοῦ σίτου καὶ κατακρυφθῆναί τινα, ὑπ'

S. Que dis-tu? Appelles-tu plus maigre une terre plus faible, et plus grasse une terre plus forte?

I. C'est là ce que je dis; et je te demande si tu donnerais à chacune des deux terres la même quantité de semence, ou bien plus à l'une qu'à l'autre?

S. Quand il s'agit de vin, repris-je, j'ai pour habitude de verser plus d'eau dans celui qui est plus fort; s'il y a quelque fardeau à porter, de charger plus l'homme plus robuste; et, s'il fallait nourrir un certain nombre de personnes, j'ordonnerais que ceux qui possèdent le plus contribuassent pour la plus grosse part. Mais une terre faible devient-elle plus forte si on la bourre de grain, comme on ferait d'une bête de somme? Dis-moi cela.

Alors Ischomachus se mettant à rire:

I. Tu plaisantes, Socrate, me dit-il; sache pourtant que si, après avoir confié la semence à la terre, tu profites pour la retourner du moment où le germe, placé sous l'influence du ciel, sera monté en herbe, cette herbe même nourrira la terre et lui servira comme d'un engrais puissant. Si, au contraire, tu laisses la semence croître librement jusqu'à la maturité du grain, il sera aussi difficile à une terre faible d'en produire beaucoup, qu'il est difficile à une truie faible de nourrir beaucoup de gros marcassins.

S. Tu dis donc, Ischomachus, qu'il faut jeter moins de semence dans une terre plus faible?

I. Oui, par Jupiter! Socrate; et tu en conviens toi-même, puisque tu penses qu'on doit charger un homme faible d'un moindre fardeau.

S. Et le sarcloir, Ischomachus, repris-je, pourquoi le fait-on passer au milieu des grains?

I. Tu sais probablement que l'hiver il tombe beaucoup d'eau.

S. Est-il possible de l'ignorer?

I. Eh bien! supposons qu'il y ait des grains ensevelis sous la terre

αὐτῶν ἰλύος ἐπιχυθείσης, καὶ ψιλωθῆναί τινας ῥίζας ὑπὸ ῥεύ-
ματος. Καὶ ὕλη δὲ πολλάκις ὑπὸ τῶν ὑδάτων δήπου συνεξορμᾷ
τῷ σίτῳ καὶ παρέχει πνιγμὸν αὐτῷ.

Σ. Πάντα, ἔφην ἐγώ, εἰκὸς ταῦτα γίγνεσθαι.

Ι. Οὐκοῦν δοκεῖ σοι, ἔφη, ἐνταῦθα ἤδη ἐπικουρίας τινὸς
δεῖσθαι ὁ σῖτος;

Σ. Πάνυ μὲν οὖν, ἔφην ἐγώ.

Ι. Τῷ οὖν κατιλυθέντι τί ἂν ποιοῦντες δοκοῦμεν ἄν σοι ἐπι-
κουρῆσαι;

Σ. Ἐπικουρίσαντες, ἔφην ἐγώ, τὴν γῆν.

Ι. Τί δέ, ἔφη, τῷ ἐψιλωμένῳ τὰς ῥίζας;

Σ. Ἀντιπροσαμησάμενοι τὴν γῆν ἄν, ἔφην ἐγώ.

Ι. Τί γὰρ, ἔφη, ἢν ὕλη πνίγῃ συνεξορμῶσα καὶ διαρπά-
ζουσα τοῦ σίτου τὴν τροφὴν ὥσπερ οἱ κηφῆνες διαρπάζουσιν,
ἄχρηστοι ὄντες, τῶν μελιττῶν ἃ ἂν ἐκεῖναι ἐργασάμεναι τροφὴν
κατάθωνται;

Σ. Ἐκκόπτειν ἄν, νὴ Δία, δέοι τὴν ὕλην, ἔφην ἐγώ, ὥσπερ
τοὺς κηφῆνας ἐκ τῶν σμηνῶν ἀναιρεῖν.

Ι. Οὐκοῦν, ἔφη, εἰκότως σοι δοκοῦμεν ἐμβάλλειν τοὺς
σκαλέας.

Σ. Πάνυ γε. Ἀτὰρ ἐνθυμοῦμαι, ἔφην ἐγώ, ὦ Ἰσχόμαχε,
οἷόν ἐστι τὸ εὖ τὰς εἰκόνας ἐπάγεσθαι. Πάνυ γὰρ σύ με ἐξώρ-
γισας πρὸς τὴν ὕλην τοὺς κηφῆνας εἰπών, πολὺ μᾶλλον ἢ ὅτε
περὶ αὐτῆς τῆς ὕλης ἔλεγες.

XVIII

Σ. Ἀτὰρ οὖν, ἔφην ἐγώ, ἐκ τούτου ἄρα θερίζειν εἰκός· δίδασκε οὖν εἴ τι ἔχεις με καὶ εἰς τοῦτο.

Ι. Ἢν μή γε φανῇς, ἔφη, καὶ εἰς τοῦτο ταὐτὰ ἐμοὶ ἐπιστάμενος. Ὅτι μὲν οὖν τέμνειν τὸν σῖτον δεῖ οἶσθα.

Σ. Τί δ' οὐ μέλλω; ἔφην ἐγώ.

délayée et des racines mises à jour par l'épanchement des eaux;
supposons encore que, favorisées par l'humidité, des plantes s'élè-
vent avec le bon grain et l'étouffent.

S. Tout cela, répondis-je, peut arriver.

I. Alors, Socrate, le grain n'a t-il pas besoin de secours?

S. Assurément, lui dis-je.

I. Et comment, selon toi, venir en aide au grain qui se noie?

S. En soulevant le limon.

I. Et en aide à celui dont la racine est à nu?

S. En le recouvrant de terre.

I. Et maintenant, si l'herbe étouffe le grain qui pousse, si elle
lui dérobe son suc nourricier, comme les frelons paresseux déro-
bent le miel que l'abeille industrieuse met de côté pour sa nourriture?

S. Il faut alors, par Jupiter! couper l'herbe, comme on chasse
les frelons de la ruche.

I. Tu vois donc que nous avons raison d'user du sarcloir.

S. Tout à fait; et je songe, Ischomachus, à l'avantage d'ame-
ner des comparaisons justes. Tu m'as bien plus mis en colère
contre l'herbe en me parlant des frelons, que quand tu m'as parlé
de l'herbe sans comparaison.

XVIII

S. Après cela, dis-je, il s'agit de moissonner. Apprends-moi ce
que tu peux savoir là-dessus.

I. Oui, dit-il, à condition que je ne te trouverai pas aussi savant
que moi. Tu sais donc qu'il faut couper le blé?

S. Belle demande!

I. Πότερ' ἂν οὖν τέμνοις, ἔφη, στὰς ἔνθεν πνεῖ ἄνεμος ἢ ἀντίος ;

Σ. Οὐκ ἀντίος, ἔφην, ἔγωγε · χαλεπὸν γὰρ, οἶμαι, καὶ τοῖς ὄμμασι καὶ ταῖς χερσὶ γίγνεται ἀντίον ἀχύρων καὶ ἀθέρων θερίζειν.

I. Καὶ ἀκροτομοίης δ' ἂν, ἔφη, ἢ παρὰ γῆν τέμνοις;

Σ. Ἢν μὲν βραχὺς ᾖ ὁ κάλαμος τοῦ σίτου, ἔγωγ', ἔφην, κάτωθεν ἂν τέμνοιμι, ἵνα ἱκανὰ τὰ ἄχυρα μᾶλλον γίγνηται · ἐὰν δὲ ὑψηλὸς ᾖ, νομίζω ὀρθῶς ἂν ποιεῖν μεσοτομῶν, ἵνα μήτε οἱ ἀλοῶντες μοχθῶσι περιττὸν πόνον μήτε οἱ λικμῶντες[1]. Τὸ δὲ ἐν τῇ γῇ λειφθὲν ἂν ἡγοῦμαι καὶ κατακαυθὲν συνωφελεῖν τὴν γῆν καὶ εἰς κόπρον ἐμβληθὲν τὴν κόπρον συμπληθύνειν.

I. Ὁρᾷς, ἔφη, ὦ Σώκρατες, ὡς ἁλίσκει ἐπ' αὐτοφώρῳ καὶ περὶ θερισμοῦ εἰδὼς ἅπερ ἐγώ;

Σ. Κινδυνεύω, ἔφην ἐγὼ, καὶ βούλομαί γε σκέψασθαι εἰ καὶ ἀλοᾶν ἐπίσταμαι.

I. Οὐκοῦν, ἔφη, τοῦτο μὲν οἶσθα ὅτι ὑποζύγια ἐλαύνοντες ἀλοῶσι τὸν σῖτον.

Σ. Τί δ' οὐκ, ἔφην ἐγὼ, οἶδα; καὶ ὑποζύγιά γε καλούμενα πάντα ὁμοίως, βοῦς, ἡμιόνους, ἵππους.

I. Οὐκοῦν, ἔφη, ταῦτα μὲν ἡγεῖ τοσοῦτο, μόνον εἰδέναι, πατεῖν τὸν σῖτον ἐλαυνόμενα ;

Σ. Τί γὰρ ἂν ἄλλο, ἔφην ἐγὼ, ὑποζύγια εἰδείη ;

I. Ὅπως δὲ τὸ δεόμενον κόψουσι καὶ ὁμαλιεῖται ὁ ἀλοητός, τίνι τοῦτο[2], ὦ Σώκρατες ; ἔφη.

Σ. Δῆλον ὅτι, ἔφην ἐγὼ, τοῖς ἐπαλωσταῖς[3]. Στρέφοντες γὰρ καὶ ὑπὸ τοὺς πόδας ὑποβάλλοντες τὰ ἄτριπτα ἀεὶ δῆλον ὅτι μάλιστα ὁμαλίζοιεν ἂν τὸν δῖνον καὶ τάχιστ' ἂν ἀνύτοιεν.

I. Ταῦτα μὲν τοίνυν, ἔφη, οὐδὲν ἐμοῦ λείπει γιγνώσκων.

Σ. Οὐκοῦν, ἔφην ἐγὼ, ὦ Ἰσχόμαχε, ἐκ τούτου δὴ καθαροῦμεν τὸν σῖτον λικμῶντες.

I. Oui; mais le coupe-t-on en se tenant sous le vent ou à contre-vent?

S. Pas à contre-vent, lui dis-je : car, selon moi, les yeux et les mains ont à souffrir quand on moissonne en sens contraire de la paille et de l'épi.

I. Couperas-tu près de l'épi ou à fleur de terre?

S. Si le brin est court, je couperai au pied, pour que la paille soit de grandeur suffisante : s'il est haut, je pense qu'il vaudra mieux scier à mi-chaume, pour épargner un travail inutile aux batteurs et aux vanneurs. Quant au chaume qu'on laisse sur la terre, je crois qu'il la fertilise si on le brûle, et que, si on le jette au fumier, il augmente la masse d'engrais.

I. Tu le vois, Socrate, te voilà pris sur le fait, et tu en sais autant que moi sur la moisson.

S. J'en ai peur; mais voyons si je sais aussi comment il faut battre.

I. Tu n'ignores pas, dit-il, que l'on se sert de bêtes d'attelage pour battre le grain?

S. Comment ne le saurais-je pas? Et l'on appelle indistinctement bêtes d'attelage les bœufs, les mulets, les chevaux.

I. Tu crois, n'est-ce pas, que ces animaux ne savent que fouler le grain sur lequel on les fait marcher?

S. Quelle autre chose peux-tu espérer de ces bêtes?

I. Mais, Socrate, qui veillera à ce qu'elles ne foulent que ce qui doit être foulé, et que le battage se fasse d'une manière égale?

S. Il est évident que ce sont les batteurs.

I. En retournant la paille, en mettant sous les pieds des animaux ce qui n'y a point encore passé, il est clair qu'ils auront un battage égal et promptement achevé.

I. Sous ce rapport, tes connaissances ne le cèdent point aux miennes.

S. Après cela, repris-je, Ischomachus, nous nettoierons ce blé en le vannant.

I. Καὶ λέξον γέ μοι, ὦ Σώκρατες, ἔφη ὁ Ἰσχόμαχος, ᾖ οἶσθα ὅτι ἢν ἐκ τοῦ προσηνέμου μέρους τῆς ἅλω[1] ἀρχῇ, δι' ὅλης τῆς ἅλω οἴσεταί σοι τὰ ἄχυρα;

Σ. Ἀνάγκη γάρ, ἔφην ἐγώ.

I. Οὐκοῦν εἰκὸς καὶ ἐπιπίπτειν, ἔφη, αὐτὰ ἐπὶ τὸν σῖτον.

Σ. Πολὺ γάρ ἐστιν, ἔφην ἐγώ, τὸ ὑπερενεχθῆναι τὰ ἄχυρα ὑπὲρ τὸν σῖτον εἰς τὸ κενὸν τῆς ἅλω.

I. Ἢν δέ τις, ἔφη, λικμᾷ ἐκ τοῦ ὑπηνέμου[2] ἀρχόμενος;

Σ. Δῆλον, ἔφην ἐγώ, ὅτι εὐθὺς ἐν τῇ ἀχυροδόκῃ[3] ἔσται τὰ ἄχυρα.

I. Ἐπειδὰν δὲ καθήρῃς, ἔφη, τὸν σῖτον μέχρι τοῦ ἡμίσεος τῆς ἅλω[4], πότερον εὐθύς, οὕτω κεχυμένου τοῦ σίτου, λικμήσεις τὰ ἄχυρα τὰ λοιπὰ ἢ συνώσας τὸν καθαρὸν πρὸς τὸν πόλον[5] ὡς εἰς στενότατον;

Σ. Συνώσας, νὴ Δί', ἔφην ἐγώ, τὸν καθαρόν, ἵν' ὑπερ φέρηταί μοι τὰ ἄχυρα εἰς τὸ κενὸν τῆς ἅλω, καὶ μὴ δὶς ταὐτά ἄχυρα δέῃ λικμᾶν.

I. Σὺ μὲν δὴ ἄρα, ἔφη ὦ Σώκρατες, σῖτόν γε ὡς ἂν τάχιστα καθαρὸς γένοιτο κἂν ἄλλον δύναιο διδάσκειν.

Σ. Ταῦτα τοίνυν, ἔφην ἐγώ, ἐλελήθειν ἐμαυτὸν ἐπιστάμενος. Καὶ πάλαι ἐννοῶ εἰ ἄρα λέληθα καὶ χρυσοχοεῖν καὶ αὐλεῖν καὶ ζωγραφεῖν ἐπιστάμενος. Ἐδίδαξε γὰρ οὔτε ταῦτά με οὐδεὶς οὔτε γεωργεῖν· ὁρῶ δ' ὥσπερ γεωργοῦντας καὶ τὰς ἄλλας τέχνας ἐργαζομένους ἀνθρώπους.

III. I. Οὐκοῦν, ἔφη ὁ Ἰσχόμαχος, ἔλεγον ἐγώ σοι πάλαι ὅτι καὶ ταύτῃ εἴη γενναιοτάτη ἡ γεωργικὴ τέχνη ὅτι καὶ ῥᾴστη ἐστὶ μαθεῖν;

Σ. Ἄ γε δὴ, ἔφην ἐγώ, οἶδα, ὦ Ἰσχόμαχε· τὰ μὲν γὰρ ἀμφὶ σπόρον ἐπιστάμενος ἄρα ἐλελήθειν ἐμαυτόν.

I. Oui; mais dis-moi, Socrate, sais-tu que, si tu te mets à vanner contre le vent, toute l'aire se couvrira de balles?

S. Cela doit être.

I. Et tout naturellement la balle reviendra sur le grain.

S. Il serait, en effet, fort difficile qu'elle passât par-dessus le tas de blé pour se rendre dans la partie vide de l'aire.

I. Mais si l'on se met à vanner sous le vent?

S. Il est clair qu'alors les pailles seront chassées dans le pailler.

I. Quand tu auras nettoyé le grain jusqu'au milieu de l'aire, continueras-tu de vanner le reste, en le laissant ainsi épars, ou bien réuniras-tu le grain nettoyé à l'extrémité de l'aire, pour qu'il occupe le moins de place possible?

S. Je réunirai, par Jupiter! lui dis-je, tout le grain nettoyé, de sorte que la paille soit emportée par-dessus le blé, dans la partie vide de l'aire, et que je n'aie pas à vanner deux fois la même paille.

I. Tu pourrais bien, Socrate, enseigner à un autre la manière de vanner promptement.

S. Je ne me connaissais pas ce talent : et peut-être, j'y songe depuis quelque temps, que je suis, sans m'en douter, orfèvre, joueur de flûte, peintre. Personne ne m'en a donné des leçons, pas plus que d'agriculture. Or, si je vois des gens qui exercent l'agriculture, j'en vois aussi qui exercent les autres arts.

I. Il y a longtemps, reprit Ischomachus, que je te l'ai dit : l'agriculture est le plus noble des arts, parce qu'il est le plus facile à apprendre.

S. Du moins ce que je sais, Ischomachus; car je savais tout ce qui a trait aux semailles, sans me connaître ce talent.

XIX.

XIX. Σ. Ἔστι δ' οὖν, ἔφην ἐγώ, τῆς γεωργικῆς τέχνης καὶ ἡ τῶν δένδρων φυτεία;

I. Ἔστι γὰρ οὖν, ἔφη ὁ Ἰσχόμαχος.

Σ. Πῶς ἂν οὖν, ἔφην ἐγώ, τὰ μὲν ἀμφὶ τὸν σπόρον ἐπισταίμην, τὰ δ' ἀμφὶ τὴν φυτείαν οὐκ ἐπίσταμαι;

I. Οὐ γὰρ σύ, ἔφη ὁ Ἰσχόμαχος, ἐπίστασαι;

Σ. Πῶς; ἐγὼ ἔφην, ὅστις μήτ' ἐν ὁποίᾳ τῇ γῇ δεῖ φυτεύειν οἶδα, μήτε ὁπόσον βάθος ὀρύττειν μηδὲ ὁπόσον πλάτος, μήτε ὁπόσον μῆκος τὸ φυτὸν ἐμβάλλειν, μήτε ὅπως ἂν ἐν τῇ γῇ κείμενον τὸ φυτὸν μάλιστ' ἂν βλαστάνοι.

I. Ἴθι δή, ἔφη ὁ Ἰσχόμαχος, μάνθανε εἴ τι μὴ ἐπίστασαι. Βόθρους μὲν γὰρ οἵους ὀρύττουσι τοῖς φυτοῖς οἶδ' ὅτι ἑώρακας, ἔφη.

Σ. Καὶ πολλάκις ἔγωγε, ἔφην.

I. Ἤδη τινὰ οὖν αὐτῶν εἶδες βαθύτερον τριπόδου;

Σ. Οὐδέ, μὰ Δί', ἔγωγε, ἔφην, πενθημιποδίου.

I. Τί δέ, τὸ πλάτος ἤδη τινὰ τριπόδου πλέον εἶδες;

Σ. Οὐδέ, μὰ Δί', ἔφην ἐγώ, διπόδου.

I. Ἴθι δή, ἔφη, καὶ τόδε ἀπόκριναί μοι · ἤδη τινὰ εἶδες τὸ βάθος ἐλάττονα ποδιαίου;

Σ. Οὐδέ, μὰ Δί', ἔφην, ἔγωγε τριημιποδίου. Καὶ γὰρ ἐξορύττοιτ' ἂν σκαπτόμενα, ἔφην ἐγώ, τὰ φυτά, εἰ λίαν γε οὕτως ἐπιπολῆς πεφυτευμένα εἴη.

I. Οὐκοῦν τοῦτο μέν, ἔφη, ὦ Σώκρατες, ἱκανῶς οἶσθα ὅτι οὔτε βαθύτερον πενθημιποδίου ὀρύττουσιν οὔτε βραχύτερον τριημιποδίου.

Σ. Ἀνάγκη γάρ, ἔφην ἐγώ, τοῦτο ὁρᾶσθαι, οὕτω γε καταφανὲς ὄν.

I. Τί δέ, ἔφη, ξηροτέραν καὶ ὑγροτέραν γῆν γιγνώσκεις ὁρῶν;

XIX

S. L'art de planter, continuai-je, fait-il partie de la science agricole?

I. Assurément, répondit Ischomachus.

S. Comment alors se fait-il que je n'entende rien à planter, lorsque je sais semer?

I. Toi, reprit Ischomachus, tu ne sais pas planter?

S. Eh! comment le saurais-je, moi qui ne connais ni les terrains propres aux plantations, ni la profondeur ni la largeur qu'il convient de donner aux fosses, ni à quel point il faut enfoncer le jeune plant pour qu'il devienne beau?

I. Eh bien! dit Ischomachus, apprends donc ce que tu ne sais pas. Tu as vu, j'en suis sûr, des fosses comme on en creuse pour faire des plants.

S. Oui, bien souvent, lui dis-je.

I. En as-tu vu qui eussent plus de trois pieds de profondeur?

S. Non, par Jupiter! elles n'avaient pas plus de deux pieds et demi.

I. En as-tu vu de plus de trois pieds en largeur

S. Non, par Jupiter! elles n'avaient pas même plus de deux pieds.

I. Maintenant, réponds-moi, en as-tu vu qui eussent moins d'un pied de profondeur?

S. Non, par Jupiter, jamais moins d'un pied et demi, car les arbres se déplanteraient au moindre coup de bêche, s'ils étaient plantés à fleur de terre.

I. Tu sais donc, Socrate, qu'on ne donne aux fosses ni plus de deux pieds et demi, ni moins d'un pied et demi de profondeur.

S. Nécessairement, repris-je, ce qui saute aux yeux est de toute évidence

I. Maintenant, reprit-il, un terrain sec et un terrain humide, les sais-tu distinguer à la vue?

Σ. Ξηρὰ μὲν γοῦν μοι δοκεῖ, ἔφην ἐγώ, εἶναι ἡ περὶ τὸ· Λυκαβηττὸν[1] καὶ ἡ ταύτῃ ὁμοία, ὑγρὰ δὲ ἡ ἐν τῷ Φαληρικῷ· ἕλει καὶ ἡ ταύτῃ ὁμοία.

Ι. Πότερα οὖν, ἔφη, ἐν τῇ ξηρᾷ ἂν βαθὺν ὀρύττοις βόθρον τῷ φυτῷ ἢ ἐν τῇ ὑγρᾷ;

Σ. Ἐν τῇ ξηρᾷ, νὴ Δί', ἔφην ἐγώ· ἐπεὶ ἔν γε τῇ ὑγρᾷ ὀρύττων βαθὺν, ὕδωρ ἂν εὑρίσκοις καὶ οὐκ ἂν δύναιο ἔτι ἐν ὕδατι φυτεύειν.

Ι. Καλῶς μοι δοκεῖς, ἔφη, λέγειν. Οὐκοῦν ἐπειδὰν ὀρωρυγμένοι ὦσιν οἱ βόθροι, ὁπηνίκα δεῖ τιθέναι χλώμενα[3] τὰ φυτὰ ἤδη εἶδες;

Σ. Μάλιστα, ἔφην ἐγώ.

Ι. Σὺ οὖν βουλόμενος ὡς τάχιστα φῦναι αὐτὰ πότερον ὑποβαλὼν ἂν τῆς γῆς τῆς εἰργασμένης οἴει τὸν βλαστὸν τοῦ κλήματος θᾶττον χωρεῖν διὰ τῆς μαλακῆς ἢ διὰ τῆς ἀργοῦ εἰς τὸ σκληρόν;

Σ. Δῆλον, ἔφην ἐγώ, ὅτι διὰ τῆς εἰργασμένης θᾶττον ἂν ἢ διὰ τῆς ἀργοῦ βλαστάνοι.

Ι. Οὐκοῦν ὑποβλητέα ἂν εἴη τῷ φυτῷ γῆ.

Σ. Τί δ' οὐ μέλλει; ἔφην ἐγώ.

Ι. Πότερα δὲ ὅλον τὸ κλῆμα ὀρθὸν τιθεὶς πρὸς τὸν οὐρανὸν βλέπον ἡγεῖ μᾶλλον ἂν ῥιζοῦσθαι αὐτὸ, ἢ καὶ πλάγιόν τι ὑπὸ τῇ ὑποβεβλημένῃ γῇ θείης ἂν, ὥστε κεῖσθαι ὥσπερ γάμμα ὕπτιον;

Σ. Οὕτω, νὴ Δία· πλείονες γὰρ ἂν οἱ ὀφθαλμοὶ κατὰ τῆς γῆς εἶεν · ἐκ δὲ τῶν ὀφθαλμῶν καὶ ἄνω ὁρῶ βλαστάνοντα τὰ φυτά. Καὶ τοὺς κατὰ τῆς γῆς οὖν ὀφθαλμοὺς ἡγοῦμαι τὸ αὐτὸ τοῦτο ποιεῖν. Πολλῶν δὲ φυομένων βλαστῶν κατὰ τῆς γῆς, ταχὺ ἂν καὶ ἰσχυρὸν τὸ φυτὸν ἡγοῦμαι βλαστάνειν.

Ι. Ταὐτὰ τοίνυν, ἔφη, καὶ περὶ τούτων γιγνώσκων ἐμοὶ τυγχάνεις. Ἐπαμήσαιο δ' ἂν μόνον, ἔφη, τὴν γῆν, ἢ καὶ σάξαις ἂν εὖ μάλα περὶ τὸ φυτόν;

S. Un terrain sec, répondis-je, est, par exemple, celui qui avoisine le mont Lycabette, et tout autre analogue, un terrain humide est celui qui avoisine le marais de Phalère, et tout autre semblable.

I. Creuseras-tu profondément la fosse de ton plant dans un terrain sec ou dans un terrain humide ?

S. Dans un terrain sec, ma foi ! En creusant profondément dans un terrain humide, on rencontre l'eau : or, on ne saurait planter dans l'eau.

I. C'est bien dit; mais, quand les fosses sont creusées, as-tu remarqué quel temps on choisit pour planter chaque espèce d'arbre ?

S. Oui, certes.

I. Comme tu veux sans doute que tes plants prennent racine le plus vite possible, crois-tu que, mis dans une terre labourée, le pivot de la bouture perce plus tôt à travers une terre meuble qu'à travers une terre durcie faute de culture ?

S. Il est clair qu'il viendra plus tôt dans une terre façonnée que dans une qui ne l'est pas.

I. Il faut donc mettre une couche de terre sous la plante ?

S. Pourquoi pas ?

I. Mais crois-tu que la bouture prenne mieux racine, plantée droite vers le ciel; ou bien, la renversant légèrement sous une couche de terre, lui feras-tu prendre la forme d'un gamma renversé ?

S. C'est ainsi, par Jupiter, que je planterais ! Par là on renferme plus d'yeux dans la terre : des yeux je vois sortir la partie supérieure des branches : ceux de la partie inférieure doivent de leur côté, je crois, produire des racines. Or, si le plant jette beaucoup de racines en terre, je ne doute pas qu'il ne soit prompt à se fortifier.

I. Là-dessus, dit-il, tu es encore aussi avancé que moi. Mais te borneras-tu à combler la fosse, ou apporteras-tu la plus grande attention à fouler la terre autour du plant ?

Σ. Σάττοιμ' ἂν, ἔφην, νὴ Δί', ἐγώ. Ἡ ὑπὸ μὲν τοῦ ὕδατος, εὖ οἶδ' ὅτι, πηλὸς ἂν γίγνοιτο ἡ ἄσαχτος γῆ, ὑπὸ δὲ τοῦ ἡλίου ξηρὰ μέχρι βυθοῦ, ὥστε τὲ φυτὰ κίνδυνος σήπεσθαι μὲν δι' ὑγρότητα, αὐαίνεσθαι δὲ διὰ ξηρότητα, θερμαινομένων τῶν ῥιζῶν.

Ι. Καὶ περὶ ἀμπέλων ἄρα σύγε, ἔφη, φυτείας, ὦ Σώκρατες, τὰ αὐτὰ ἐμοὶ πάντα γιγνώσκων τυγχάνεις.

Σ. Ἦ καὶ συκῆν, ἔφην ἐγώ, οὕτω δεῖ φυτεύειν;

Ι. Οἶμαι δέ, ἔφη ὁ Ἰσχόμαχος, καὶ τἆλλα ἀκρόδρυα πάντα. Τῶν γὰρ ἐν τῇ τῆς ἀμπέλου φυτείᾳ καλῶς ἐχόντων τί ἂν ἀποδοκιμάσαις εἰς τὰς ἄλλας φυτείας;

Σ. Ἐλάαν δὲ πῶς, ἔφην ἐγώ, φυτεύσομεν, ὦ Ἰσχόμαχε;

Ι. Ἀποπειρᾷ μου καὶ τοῦτο, ἔφη, μάλιστα πάντων ἐπιστάμενος. Ὁρᾷς μὲν γὰρ δὴ ὅτι ῥᾴτερος ὀρύττεται τῇ ἐλάᾳ βόθρος· καὶ γὰρ παρὰ τὰς ὁδοὺς μάλιστα ὀρύττεται[1]· ὁρᾷς δ' ὅτι πρέμνα[2] πᾶσι τοῖς φυτευτηρίοις πρόσεστιν· ὁρᾷς δέ, ἔφη, πηλὸν ταῖς κεφαλαῖς πάσαις ἐπικείμενον καὶ πάντων τῶν φυτῶν ἐστεγασμένον τὸ ἄνω[3].

Σ. Ὁρῶ, ἔφην ἐγώ, ταῦτα πάντα.

Ι. Καὶ ὁρῶν δή, ἔφη, τί αὐτῶν οὐ γιγνώσκεις; Ἦ τὸ ὄστρακον[4] ἀγνοεῖς, ἔφη, ὦ Σώκρατες, πῶς ἂν ἐπὶ τοῦ πηλοῦ ἄνω καταθείης;

Σ. Μὰ τὸν Δί', ἔφην ἐγώ, οὐδὲν ὧν εἶπας, ὦ Ἰσχόμαχε, ἀγνοῶ, ἀλλὰ πάλιν ἐννοῶ τί ποτε, ὅτε πάλαι ἤρου με συλλήβδην εἰ ἐπίσταμαι φυτεύειν, οὐκ ἔφην. Οὐ γὰρ ἐδόκουν ἔχειν ἂν εἰπεῖν οὐδὲν ᾗ δεῖ φυτεύειν· ἐπεὶ δέ με καθ' ἓν ἕκαστον ἐπεχείρησας ἐρωτᾶν, ἀποκρίνομαί σοι, ὡς σὺ φῄς, ἅπερ καὶ σὺ γιγνώσκεις ὁ δεινὸς λεγόμενος γεωργός. Ἆρα, ἔφην, ὦ Ἰσχόμαχε, ἡ ἐρώτησις διδασκαλία ἐστίν; Ἄρτι γὰρ δή, ἔφην, ἐγὼ καταμανθάνω ᾗ με ἐπηρώτησας ἕκαστα. Ἄγων γάρ με δι' ὧν ἐγὼ ἐπίσταμαι, ὅμοια τούτοις ἐπιδεικνὺς ἃ οὐκ

S. Par Jupiter! je la foulerai avec soin : car si la terre n'était point foulée, l'eau, je le sais, la détremperait et la rendrait molle ; au premier soleil, elle se sècherait jusqu'au fond de sorte qu'il y aurait danger ou que le plant se pourrît par excès d'humidité, ou qu'il fût desséché par la chaleur, les fentes de la terre laissant brûler les racines.

I. Pour la plantation des vignes, tu en sais tout autant que moi, Socrate.

S. Et le figuier, repris-je, est-ce ainsi qu'on le plante?

I. Je le crois, dit Ischomachus, et il en est de même pour tous les arbres à fruit : car, si la méthode est réputée bonne pour la vigne, comment la trouver mauvaise pour les autres plantations?

S. Et l'olivier, Ischomachus, comment le planterons-nous ?

I. Tu veux encore me mettre à l'épreuve, tu le sais parfaitement. Tu vois, n'est-ce pas, que la fosse où l'on plante l'olivier est très profonde, attendu qu'on le plante surtout le long des routes; tu vois aussi qu'il y en a des marcottes dans toutes les pépinières; tu vois enfin qu'on en recouvre les têtes d'une terre grasse, et que la partie supérieure de tous ces végétaux est couverte.

S. Je vois tout cela, lui dis-je.

I. Eh bien, en le voyant, qu'y a-t-il que tu ne comprennes pas? Ignores-tu, Socrate, comment on place une coquille par-dessus la terre grasse?

S. Par Jupiter! je n'ignore rien de ce que tu viens de dire, Ischomachus; mais je songe en moi-même pourquoi, lorsque tu me demandais tout à l'heure sommairement si je savais planter, je t'ai dit non. Je me figurais n'avoir rien à dire sur la manière de planter; puis, aux questions que tu as cherché à me faire, j'ai répondu, s'il faut t'en croire, ce que tu sais, toi l'agriculteur par excellence. Ainsi, Ischomachus, interroger, c'est donc enseigner? car voici que je m'instruis à l'instant même par la manière dont tu m'interroges sur chaque chose. Me conduisant à travers ce que je sais,

ἐνόμιζον ἐπίστασθαι ἀναπείθεις, οἶμαι, ὡς καὶ ταῦτα ἐπίσταμαι.

Ι. Ἆρ' οὖν, ἔφη ὁ Ἰσχόμαχος, καὶ περὶ ἀργυρίου ἐρωτῶν ἄν σε πότερον καλὸν ἢ οὔ, δυναίμην ἄν σε πεῖσαι ὡς ἐπίστασαι διαδοκιμάζειν τὰ καλὰ καὶ τὰ κίβδηλα ἀργύρια; Καὶ περὶ αὐλητῶν ἂν δυναίμην ἀναπεῖσαι ὡς ἐπίστασαι αὐλεῖν, καὶ περὶ ζωγράφων καὶ περὶ τῶν ἄλλων τῶν τοιούτων;

Κ. Ἴσως ἄν[1], ἔφην ἐγώ, ἐπειδὴ καὶ γεωργεῖν ἀνέπεισάς με ὡς ἐπιστήμων εἴην, καίπερ εἰδότα ὅτι οὐδείς πώποτε ἐδίδαξέ με ταύτην τὴν τέχνην.

Ι. Οὐκ ἔστι ταῦτα, ἔφη, ὦ Σώκρατες· ἀλλ' ἐγὼ καὶ πάλαι σοι ἔλεγον ὅτι ἡ γεωργία οὕτω φιλάνθρωπός ἐστι καὶ πραεῖα τέχνη ὥστε καὶ ὁρῶντας καὶ ἀκούοντας ἐπιστήμονας εὐθὺς ἑαυτῆς ποιεῖν. Πολλὰ δὲ, ἔφη, καὶ ἡ φύσις αὐτὴ διδάσκει ὡς ἂν κάλλιστά τις αὐτῇ χρῷτο. Αὐτίκα ἄμπελος ἀναβαίνουσα μὲν ἐπὶ τὰ δένδρα, ὅταν ἔχῃ τι πλησίον, διδάσκει ἱστάναι αὑτήν· περιπεταννύουσα δὲ τὰ οἴναρα, ὅταν ἔτι αὐτῇ ἁπαλοὶ οἱ βότρυες ὦσι, διδάσκει σκιάζειν τὰ ἡλιούμενα ταύτην τὴν ὥραν· ὅταν δὲ καιρὸς ᾖ ὑπὸ τοῦ ἡλίου ἤδη γλυκαίνεσθαι τὰς σταφυλάς, φυλλορροοῦσα διδάσκει ἑαυτὴν ψιλοῦν καὶ πεπαίνειν τὴν ὀπώραν, διὰ πολυφορίαν δὲ τοὺς μὲν πέπονας δεικνύουσα βότρυς, τοὺς δὲ ἔτι ὠμοτέρους φέρουσα, διδάσκει τρυγᾶν ἑαυτὴν, ὥσπερ τὰ σῦκα συκάζουσι, τὸ ὀργῶν ἀεί.

XX

Ἐνταῦθα δὴ ἐγὼ εἶπον·

Σ. Πῶς οὖν, ὦ Ἰσχόμαχε, εἰ οὕτω γε καὶ ῥᾴδιά ἐστι μαθεῖν τὰ περὶ τὴν γεωργίαν καὶ πάντες ὁμοίως ἴσασιν ἃ δεῖ ποιεῖν, οὐχὶ καὶ πάντες πράττουσιν ὁμοίως, ἀλλ' οἱ μὲν αὐτῶν ἀφθόνως τε ζῶσι καὶ περιττὰ ἔχουσιν, οἱ δ' οὐδὲ τὰ ἀναγκαῖα δύνανται πορίζεσθαι, ἀλλὰ καὶ προσοφείλουσιν;

tu m'offres ensuite des idées analogues à celles que je ne croyais point avoir, et tu me fais voir que je les avais.

I. Mais, reprit Ischomachus, si je te questionnais sur l'argent, à savoir s'il est de bon ou de mauvais aloi, pourrais-je te persuader que tu sais distinguer le vrai titre du faux? Et de même pour la flûte, pourrais-je te convaincre que tu en sais jouer? pour la peinture, que tu es peintre? et successivement pour tous les autres arts?

S. Peut-être que oui, puisque tu m'as prouvé que je savais l'agriculture, bien que je sache qu'on ne m'en a jamais donné de leçons.

I. Ce n'est pas tout à fait cela, Socrate. Mais depuis longtemps je te dis que l'agriculture est un art si ami de l'homme, si bienveillant, que, pour peu qu'on entende et qu'on voie, l'on y devient habile. La nature même nous apprend à y réussir au mieux ; et, pour preuve immédiate, la vigne, en grimpant sur les arbres, quand elle a quelque arbre auprès d'elle, nous enseigne à lui donner un appui : lorsqu'elle étend ses pampres de tous côtés, quand ses raisins sont encore jeunes, elle enseigne à ombrager les parties exposées au soleil durant cette saison. Lorsque le temps est arrivé où le soleil mûrit les raisins, en se dépouillant de ses feuilles, la vigne nous avertit de la mettre à nu pour aider à la maturité du fruit. Enfin, sa fécondité nous présentant ici des raisins mûrs, là des raisins encore verts, elle nous indique qu'il faut les cueillir comme les figues, à mesure qu'ils mûrissent.

XX

S. Sur ce point je repris : Comment se fait-il, Ischomachus, si tout ce qui est relatif à l'agriculture s'apprend avec tant de facilité, si tous les hommes en connaissent aussi bien les principes, que tous ne la pratiquent point également, mais que les uns vivent dans l'abondance et aient le superflu, tandis que les autres, ne pouvant même se procurer le nécessaire, contractent des dettes?

Ι. Ἐγὼ δή σοι λέξω, ὦ Σώκρατες, ἔφη ὁ Ἰσχόμαχος. Οὐ γὰρ ἡ ἐπιστήμη οὐδ' ἡ ἀνεπιστημοσύνη τῶν γεωργῶν ἐστιν ἡ ποιοῦσα τοὺς μὲν εὐπορεῖν, τοὺς δὲ ἀπόρους εἶναι· οὐδ' ἂν ἀκούσαις, ἔφη, λόγου οὕτω διαθέοντος ὅτι διέφθαρται ὁ οἶκος διότι οὐχ ὁμαλῶς τις ἔσπειρεν, οὐδ' ὅτι οὐκ ὀρθῶς τοὺς ὄρχους ἐφύτευσεν, οὐδ' ὅτι ἀγνοήσας τις τὴν φέρουσαν ἀμπέλους ἐν ἀφόρῳ ἐφύτευσεν, οὐδ' ὅτι ἠγνόησέ τις ὅτι ἀγαθόν ἐστι τῷ σπόρῳ νεὸν προεργάζεσθαι, οὐδ' ὅτι ἠγνόησέ τις ὡς ἀγαθόν ἐστι τῇ γῇ κόπρον μιγνύναι· ἀλλὰ πολὺ μᾶλλον ἔστιν ἀκοῦσαι· ἀνὴρ [1] οὐ λαμβάνει σῖτον ἐκ τοῦ ἀγροῦ, οὐ γὰρ ἐπιμελεῖται ὡς αὐτῷ σπείρηται ἢ ὡς κόπρος γίγνηται. Οὐδ' οἶνον ἔχει ἀνήρ· οὐ γὰρ ἐπιμελεῖται ὡς φυτεύσῃ ἀμπέλους, οὐδὲ αἱ οὖσαι ὅπως φέρωσιν αὐτῷ. Οὐδὲ ἔλαιον οὐδὲ σῦκα οὐ γὰρ ἐπιμελεῖται οὐδὲ ποιεῖ ὅπως ταῦτα ἔχῃ. Τοιαῦτα, ἔφη, ἐστίν, ὦ Σώκρατες, ἃ διαφέροντες ἀλλήλων οἱ γεωργοὶ διαφερόντως καὶ πράττουσι, πολὺ μᾶλλον ἢ δοκοῦντες σοφόν τι εὑρηκέναι εἰς τὰ ἔργα. Καὶ οἱ στρατηγοὶ ἔστιν ἐν οἷς [2] τῶν στρατηγικῶν ἔργων, οὐ γνώμῃ διαφέροντες ἀλλήλων, οἱ μὲν βελτίονες οἱ δὲ χείρονές εἰσιν, ἀλλὰ σαφῶς ἐπιμελείᾳ. Ἃ γὰρ καὶ οἱ στρατηγοὶ γιγνώσκουσι πάντες καὶ τῶν ἰδιωτῶν οἱ πλεῖστοι, ταῦτα οἱ μὲν ποιοῦσι τῶν ἀρχόντων, οἱ δ' οὔ. Οἷον καὶ τόδε γιγνώσκουσιν ἅπαντες ὅτι διὰ πολεμίας πορευομένους βέλτιόν ἐστι τεταγμένους πορεύεσθαι οὕτως ὡς ἂν ἄριστα μάχοιντο, εἰ δέοι. Τοῦτο τοίνυν γιγνώσκοντες οἱ μὲν ποιοῦσιν οὕτως, οἱ δ' οὐ ποιοῦσι. Φυλακὰς ἅπαντες ἴσασιν ὅτι βέλτιόν ἐστι καθιστάναι καὶ ἡμερινὰς καὶ νυκτερινὰς πρὸ τοῦ στρατοπέδου. Ἀλλὰ καὶ τούτου οἱ μὲν ἐπιμελοῦνται ὡς ἔχῃ οὕτως, οἱ δ' οὐκ ἐπιμελοῦνται. Ὅταν τε αὖ διὰ στενοπόρων ἴωσιν, οὐ πάνυ χαλεπὸν εὑρεῖν ὅστις οὐ γιγνώσκει ὅτι προκαταλαμβάνειν τὰ ἐπίκαιρα κρεῖττον ἢ μή; Ἀλλὰ καὶ τούτου οἱ μὲν ἐπιμελοῦνται οὕτω ποιεῖν, οἱ δ' οὔ. Οὕτω καὶ κόπρον λέγουσι μὲν πάντες ὅτι ἄριστον εἰς γεωργίαν ἐστὶ καὶ ὁρῶσι δὲ αὐτο-

I. Je vais te le dire, Socrate, répondit Ischomachus. En agriculture, ce n'est ni la science ni l'ignorance qui enrichit les uns et
qui ruine les autres. Jamais tu n'entendras dire que telle maison
est ruinée parce qu'un semeur a semé inégalement, parce qu'on
n'a pas bien fait les plants, parce que, ne sachant pas les terrains
propres à la vigne, on l'a mise dans un terrain qui ne lui va pas,
parce qu'on ne savait pas qu'il est bon pour la semaille que la
terre ait été façonnée, parce qu'on ignorait qu'il est bon pour la
terre d'être graissée avec du fumier. Tu entendras plutôt dire :
Cet homme ne récolte point de blé de son champ, c'est qu'il n'a
pas soin de l'ensemencer ni de le fumer ; cet homme n'a pas non
plus de vin, c'est qu'il n'a pas soin de planter des vignes, ni de
faire valoir celles qu'il a ; cet homme n'a ni olives ni figues, c'est
qu'il ne fait rien pour en avoir. Telle est, Socrate, la différence
qui existe, quand il y en a, entre les différents laboureurs : elle
consiste plus dans la pratique que dans l'invention prétendue de
quelque ingénieux procédé de travail. Il y a des généraux qui,
dans les affaires de stratégie, ont un égal degré d'intelligence.
mais qui sont meilleurs ou pires suivant le degré d'activité. Car
ce que savent les généraux, tout le monde à peu près le sait également ; mais, parmi les chefs, les uns le mettent en pratique, et
les autres non. Par exemple, chacun sait qu'il vaut mieux, quand
on passe sur un territoire ennemi, marcher en bon ordre, afin
d'être prêt, s'il le faut, à bien se battre : c'est une règle que tout
le monde connaît ; mais les uns l'observent et les autres ne l'observent pas. Personne n'ignore combien il est utile de placer jour
et nuit des sentinelles en avant du campement ; mais ceux-ci
veillent à ce qu'il soit fait ainsi, ceux-là le négligent. Quand on
doit traverser une gorge, il est difficile de trouver quelqu'un qui
ne sache pas qu'on doit plutôt s'emparer des positions favorables
que de ne pas le faire : et cependant il y en a qui négligent d'agir
de la sorte, et d'autres non. De même, tout le monde dit quele
fumier est excellent en agriculture, et l'on voit qu'il se produit de

μάτην γιγνομένην· ὅμως δὲ καὶ ἀκριβοῦντες ὡς γίγνεται, καὶ
ῥᾴδιον ὂν¹ πολλὴν ποιεῖν, οἱ μὲν καὶ τούτου ἐπιμελοῦνται ὅπως
ἀθροίζηται, οἱ δὲ παραμελοῦσι. Καίτοι ὕδωρ μὲν ὁ ἄνωθεν θεὸς
παρέχει, τὰ δὲ κοῖλα πάντα τέλματα γίγνεται, ἡ γῆ δὲ ὕλην
παντοίαν παρέχει· καθαίρειν δὲ δεῖ τὴν γῆν τὸν μέλλοντα
σπείρειν· ἃ δ' ἐκποδὼν ἀναιρεῖται, ταῦτα εἴ τις ἐμβάλλοι εἰς
τὸ ὕδωρ, ὁ χρόνος ἤδη αὐτὸς ἂν ποιοίη οἷς ἡ γῆ ἥδεται. Ποία
μὲν γὰρ ὕλη, ποία δὲ γῆ ἐν ὕδατι στασίμῳ οὐ κόπρος γίγνεται;
Καὶ ὁπόσα δὲ θεραπείας δεῖται ἡ γῆ, ὑγροτέρα τε οὖσα πρὸς
τὸν σπόρον, ἢ ἁλμωδεστέρα πρὸς φυτείαν, καὶ ταῦτα γιγνώσκουσι μὲν πάντες, καὶ ὡς τὸ ὕδωρ ἐξάγεται τάφροις καὶ οἷς
ἡ ἅλμη κολάζεται μιγνυμένη· ἀλλὰ καὶ τούτων ἐπιμελοῦνται
οἱ μὲν, οἱ δ' οὔ. Εἰ δέ τις παντάπασιν ἀγνὼς εἴη τί δύναται
φέρειν ἡ γῆ, καὶ μήτε ἰδεῖν ἔχοι καρπὸν μηδὲ φυτὸν αὐτῆς,
μήτε ὅτου ἀκοῦσαι τὴν ἀλήθειαν περὶ αὐτῆς ἔχοι, οὐ πολὺ
μὲν ῥᾷον γῆς πεῖραν λαμβάνειν παντὶ ἀνθρώπῳ ἢ ἵππου, πολὺ
δὲ ῥᾷον ἢ ἀνθρώπου; Οὐ γὰρ ἔστιν ὅ τι ἐπὶ ἀπάτῃ² δείκνυσιν,
ἀλλ' ἁπλῶς ἅ τε δύναται καὶ ἃ μὴ σαφηνίζει τε καὶ ἀληθεύει.
Δοκεῖ δέ μοι ἡ γῆ καὶ τοὺς κακοὺς καὶ τοὺς καλούς τε κἀγα-
θοὺς τῷ εὔγνωστα καὶ εὐμαθῆ πάντα παρέχειν ἄριστα ἐξετάζειν. Οὐ γὰρ ὥσπερ τὰς ἄλλας τέχνας τοῖς μὴ ἐργαζομένοις
ἔστι προφασίζεσθαι ὅτι οὐκ ἐπίστανται· ἀλλ' ἡ ἐν γεωργίᾳ
ἀργία ἐστὶ σαφὴς ψυχῆς κατήγορος κακῆς. Ὡς μὲν γὰρ ἂν
δύναιτο ἄνθρωπος ζῆν ἄνευ τῶν ἐπιτηδείων οὐδεὶς τοῦτο αὐτὸς
αὑτὸν πείθει· ὁ δὲ μήτε ἄλλην τέχνην χρηματοποιὸν ἐπιστάμενος, μήτε γεωργεῖν ἐθέλων, φανερὸς ὅτι κλέπτων ἢ ἁρπάζων ἢ
προσαιτῶν διανοεῖται βιοτεύειν, ἢ παντάπασιν ἀλόγιστός ἐστι.
Μέγα δὲ ἔφη διαφέρειν εἰς τὸ λυσιτελεῖν γεωργίαν καὶ μὴ,
ὅταν, ὄντων ἐργαστήρων καὶ πλειόνων καὶ μειόνων, ὁ μὶν ἔχῃ
τινὰ ἐπιμέλειαν ὡς τὴν ὥραν αὐτῷ ἐν τῷ ἔργῳ οἱ ἐργάται ὦσιν,
ὁ δὲ μὴ ἐπιμελῆται τούτου. Ῥᾳδίως γὰρ ἀνὴρ εἷς παρὰ τοὺς
δέκα διαφέρει τῷ ἐν ὥρᾳ ἐργάζεσθαι καὶ ἄλλος γε ἀνὴρ διαφέρει

lui-même : cependant, bien qu'on sache comment il se fait et malgré la facilité qu'on a de s'en procurer à discrétion, les uns se préoccupent des moyens de l'amasser et les autres n'y songent pas. Le dieu du ciel nous envoie de l'eau qui convertit toutes les fosses en mares ; et la terre, de son côté, produit toutes sortes d'herbages : il faut nettoyer la terre quand on veut semer ; arrachez ces herbes, jetez-les dans l'eau, et le temps vous donnera ce qui plaît à la terre. Quelle herbe, en effet, quelle terre ne devient pas fumier dans une eau stagnante ? Les soins qu'exige un terrain trop humide pour y semer, ou trop imprégné de sel pour y planter, personne ne les ignore ; l'on sait également comment l'eau s'écoule par des tranchées, et comment l'on corrige la salure par des mélanges ; cependant quelques-uns s'en occupent, et d'autres n'en font rien. Prenons un homme qui ne sache pas du tout ce que peut produire un terrain, qui n'en ait vu ni plante, ni fruit, qui ne puisse entendre de personne la vérité sur ce point, n'est-il pas plus facile à qui que ce soit de faire l'épreuve d'une terre que celle d'un cheval ou d'un homme ? Jamais la terre ne trompe ; elle dit simplement et nettement ce qu'elle peut ou non ; elle parle avec sincérité. Par suite, la terre me paraît faire connaître à plein les gens lâches et les gens actifs, grâce à la netteté et à la précision des connaissances qu'elle fournit. Il n'en est plus ici comme dans les autres métiers, où ceux qui ne les exercent point peuvent prétexter leur ignorance : dans l'agriculture la paresse accuse hautement les âmes lâches. Que l'homme, en effet, puisse vivre sans le nécessaire, c'est ce que personne n'ira se persuader. Or, celui qui, n'ayant pas d'autre profession qui le fasse vivre, refuse de cultiver la terre, a certainement le projet de devenir voleur, brigand, mendiant pour vivre, ou bien il a tout à fait perdu l'esprit. Un point essentiel, dit encore Ischomachus, pour le bon ou le mauvais succès en agriculture, c'est que parmi ceux qui occupent des travailleurs, en plus ou moins grand nombre, les uns veillent avec soin à ce que les ouvriers emploient bien leur temps à leur ouvrage, tandis que les autres n'y veillent pas. Or, il y a la différence de un à dix entre deux hommes, dont l'un emploie bien son temps,

τῷ πρὸ τῆς ὥρας ἀπιέναι. Τῷ δὲ δὴ ἐὰν ῥᾳδιουργεῖν δι' ὅλης τῆς ἡμέρας τοὺς ἀνθρώπους ῥᾳδίως τὸ ἥμισυ διαφέρει τοῦ ἔργου παντός. Ὥσπερ καὶ ἐν ταῖς ὁδοιπορίαις παρὰ στάδια διακόσια ἔστιν ὅτε τοῖς ἑκατὸν σταδίοις διήνεγκαν ἀλλήλων ἄνθρωποι, ἀμφότεροι καὶ νέοι ὄντες καὶ ὑγιαίνοντες, ὅταν ὁ μὲν πράττῃ ἐφ' ὅπερ ὥρμηται, ὁ δὲ ῥᾳστωνεύῃ τῇ ψυχῇ καὶ παρὰ κρήναις καὶ ὑπὸ σκιαῖς ἀναπαυόμενός τε καὶ θεώμενος καὶ αὔρας θηρεύων μαλακάς. Οὕτω δὲ καὶ ἐν τοῖς ἔργοις πολὺ διαφέρουσιν εἰς τὸ ἀνύτειν τι οἱ πράττοντες ἐφ' ᾧπερ τεταγμένοι εἰσὶ, καὶ οἱ μὴ πράττοντες ἀλλ' εὑρίσκοντες προφάσεις τοῦ μὴ ἐργάζεσθαι καὶ ἐώμενοι ῥᾳδιουργεῖν. Τὸ δὲ δὴ κακῶς ἐργάζεσθαι ἢ κακῶς ἐπιμελεῖσθαι καὶ τὸ καλῶς, ταῦτα δὴ τοσοῦτον διαφέρει ὅσον ἢ ὅλως ἐργάζεσθαι ἢ ὅλως ἀργὸν εἶναι. Οἷον, σκαπτόντων ἵνα ὕλης καθαραὶ αἱ ἄμπελοι γένωνται, οὕτω σκάπτειν ὥστε πλείω καὶ μὴ μείω τὴν ὕλην γίγνεσθαι, πῶς οὐκ ἀργὸν ἂν φήσαις εἶναι ; Τὰ οὖν συντρίβοντα τοὺς οἴκους πολὺ μᾶλλον ταῦτά ἐστιν ἢ αἱ λίαν ἀνεπιστημοσύναι. Τὸ γὰρ τὰς μὲν δαπάνας χωρεῖν ἐντελεῖς ἐκ τῶν οἴκων, τὰ δὲ ἔργα μὴ τελεῖσθαι λυσιτελούντως πρὸς τὴν δαπάνην, ταῦτα οὐκέτι δεῖ θαυμάζειν ἐὰν ἀντὶ τῆς περιουσίας ἔνδειαν παρέχηται. Τοῖς γε μέντοι ἐπιμελεῖσθαι δυναμένοις καὶ συντεταμένως γεωργοῦσιν ἀνυτικωτάτην χρημάτισιν ἀπὸ γεωργίας καὶ αὐτὸς ἐπετήδευσε καὶ ἐμὲ ἐδίδαξεν ὁ πατήρ. Οὐδέποτε γὰρ εἴα χῶρον ἐξειργασμένον ὠνεῖσθαι, ἀλλ' ὅστις ἢ δι' ἀμέλειαν ἢ δι' ἀδυναμίαν τῶν κεκτημένων καὶ ἀργὸς καὶ ἀφύτευτος εἴη, τοῦτον ὠνεῖσθαι παρῄνει. Τοὺς μὲν γὰρ ἐξειργασμένους ἔφη καὶ πολλοῦ ἀργυρίου γίγνεσθαι καὶ ἐπίδοσιν οὐκ ἔχειν· τοὺς δὲ μὴ ἔχοντας ἐπίδοσιν οὐδὲ ἡδονὰς ὁμοίας ἐνόμιζε παρέχειν, ἀλλὰ πᾶν κτῆμα καὶ θρέμμα τὸ ἐπὶ τὸ βέλτιον ἰὸν, τοῦτο καὶ εὐφραίνειν μάλιστα ᾤετο. Οὐδὲν οὖν ἔχει πλείονα ἐπίδοσιν ἢ χῶρος ἐξ ἀργοῦ πάμφορος γιγνόμενος. Εὖ γὰρ ἴσθι, ἔφη, ὦ Σώκρατες, ὅτι τῆς ἀρχαίας τιμῆς πολλοὺς πολλαπλασίου χώρους ἀξίους ἡμεῖς ἤδη ἐποιήσαμεν. Καὶ τοῦτο, ὦ Σώκρατες,

et dont l'autre quitte l'ouvrage avant l'heure. Permettre à ses hommes de paresser tout le jour fait une différence de moitié sur la totalité de l'ouvrage. Dans une route de deux cents stades, souvent deux hommes laissent entre eux pour la vitesse une distance de cent stades, quoique également jeunes et robustes, parce que l'un des marcheurs ne perd pas de vue le but où il tend, au lieu que l'autre prend ses aises, se repose auprès des fontaines et sous les ombrages, et s'amuse à regarder ou à chercher la fraîcheur des brises. De même, en ce qui touche à l'ouvrage, il y a une grande différence entre les hommes qui exécutent ponctuellement ce qu'on leur commande, et ceux qui, loin de l'exécuter, trouvent des prétextes pour ne point agir ou s'abandonner à la paresse. Entre bien travailler et négliger il y a certainement toute la différence qui existe entre travailler sans interruption et rester complètement oisif. Quand j'ai des bêcheurs pour débarrasser ma vigne des mauvaises herbes, et qu'ils bêchent de manière à laisser l'herbe devenir plus épaisse et plus belle, comment ne pas dire qu'il n'y a rien eu de fait? Voilà ce qui ruine une maison bien plus qu'une excessive ignorance. En effet, quand tous les frais sont prélevés sur le bien même, et que les travaux ne sont pas conduits de manière à couvrir la dépense, on ne doit pas s'étonner de voir à l'aisance succéder la misère. Il y a pour les cultivateurs soigneux et rangés un moyen infaillible de faire fortune dans l'agriculture; mon père le pratiquait et me l'a transmis. Jamais il ne permettait d'acheter un champ bien cultivé; mais y avait-il quelque terre stérile et non plantée, par la négligence ou la gêne des propriétaires, c'était celle-là qu'il conseillait d'acheter. Il disait qu'une terre bien cultivée coûtait beaucoup d'argent, sans être susceptible d'amélioration; et il pensait que cette amélioration impossible enlevait tout plaisir à l'acquéreur, vu que, selon lui, toute possession ou tout bétail qui va s'améliorant est une véritable jouissance. Or il n'y a pas d'amélioration plus sensible qu'un terrain inculte transformé en champ productif. Apprends, Socrate, que la première valeur de plusieurs de nos fonds se trouve déjà sensiblement augmentée par notre travail; et notre combinaison, Socrate, est si belle, si facile à saisir, que, quand

ἔφη, οὕτω μὲν πολλοῦ ἄξιον τὸ ἐνθύμημα, οὕτω δὲ ῥᾴδιον καὶ
μαθεῖν, ὥστε νυνὶ ἀκούσας σὺ τοῦτο ἐμοὶ ὁμοίως ἐπιστάμενος
ἄπει, καὶ ἄλλον διδάξεις, ἐὰν βούλῃ. Καὶ ὁ ἐμὸς δὲ πατὴρ οὔτε
ἔμαθε παρ' ἄλλου τοῦτο οὔτε μεριμνῶν ᾑρεν, ἀλλὰ διὰ τὴν
φιλογεωργίαν καὶ φιλοπονίαν ἐπιθυμῆσαι ἔφη τοιούτου χώρου
ὅπου ἔχοι ὅ τι ποιοίη ἅμα καὶ ὠφελούμενος ᾑδοιτο. Ἦν γάρ
τοι, ἔφη, ὦ Σώκρατες, φύσει, ὡς ἐμοὶ δοκεῖ, φιλογεωργότατος
Ἀθηναίων ὁ ἐμὸς πατήρ.

Καὶ ἐγὼ μέντοι ἀκούσας τοῦτο, ἠρόμην αὐτόν·

Σ. Πότερα δὲ, ὦ Ἰσχόμαχε, ὁπόσους ἐξειργάσατο χώρους
ὁ πατὴρ πάντας ἐκέκτητο, ἢ καὶ ἀπεδίδοτο, εἴ τις πολὺ ἀργύριον εὑρίσκοι[1].

Ι. Καὶ ἀπεδίδοτο, νὴ Δί', ἔφη ὁ Ἰσχόμαχος, ἀλλ' ἄλλον
τοι εὐθὺς ἀντεωνεῖτο, ἀργὸν δὲ, διὰ τὴν φιλεργίαν.

Σ. Λέγεις, ἔφην ἐγώ, ὦ Ἰσχόμαχε, τῷ ὄντι φύσει τὸν
πατέρα φιλογέωργον εἶναι[2] οὐδὲν ἧττον ἢ οἱ ἔμποροι φιλόσι-
τοί εἰσι. Καὶ γὰρ οἱ ἔμποροι διὰ τὸ σφόδρα φιλεῖν τὸν σῖτον,
ὅπου ἂν ἀκούσωσι πλεῖστον εἶναι, ἐκεῖσε πλέουσιν ἐπ' αὐτόν
καὶ Αἰγαῖον καὶ Εὔξεινον καὶ Σικελικὸν πόντον περῶντες· ἔπειτα
δὲ λαβόντες ὁπόσον δύνανται πλεῖστον ἄγουσιν αὐτὸν διὰ τῆς
θαλάττης, καὶ ταῦτα εἰς τὸ πλοῖον ἐνθέμενοι ἐν ᾧπερ αὐτοὶ
πλέουσι. Καὶ ὅταν δεηθῶσιν ἀργυρίου, οὐκ εἰκῇ αὐτὸν ὅποι ἂν
τύχωσιν ἀπέβαλον, ἀλλ' ὅπου ἂν ἀκούσωσι τιμᾶσθαι μάλιστα
τὸν σῖτον, τούτοις αὐτὸν ἄγοντες παραδιδόασι. Καὶ ὁ σὸς δὲ
πατὴρ οὕτω πως ἔοικε φιλογέωργος εἶναι.

Πρὸς ταῦτα δὲ εἶπεν ὁ Ἰσχόμαχος·

Ι. Σὺ μὲν παίζεις, ἔφη, ὦ Σώκρατες· ἐγὼ δὲ καὶ φιλοικο-
δόμους νομίζω οὐδὲν ἧττον οἵτινες ἂν ἀποδιδῶνται ἐξοικοδο-
μοῦντες τὰς οἰκίας, εἶτ' ἄλλας οἰκοδομῶσι.

Σ. Νὴ Δία, ἐγὼ δέ γέ σοι, ἔφην, ὦ Ἰσχόμαχε, ἐπομόσας
λέγω ἦ μὴν πιστεύειν σοι φύσει φιλεῖν ταῦτα πάντας ἀφ' ὧν ἂν
ὠφελεῖσθαι νομίζωσιν.

tu m'auras écouté, tu t'en iras aussi avancé que moi, et tu pourras, si tu le veux, communiquer ta science à un autre. Mon père ne tenait son savoir de personne, et cette découverte ne lui a pas coûté de longues réflexions; mais son amour de l'agriculture et du travail lui avait fait chercher, comme il le disait lui-même, un champ où il trouvât, en s'occupant, plaisir et profit; car, vois-tu, Socrate, s'il y eut jamais à Athènes un homme passionné pour l'agriculture, ce fut mon père.

En entendant ces mots, je repartis :

S. Dis-moi donc, Ischomachus, ton père gardait-il les champs qu'il avait défrichés, ou bien les vendait-il, s'il en trouvait un bon prix?

. Vraiment, dit Ischomachus, il les vendait; et aussitôt il achetait quelque autre champ inculte, par amour pour le travail.

S. A t'entendre, Ischomachus, ton père avait naturellement pour l'agriculture le même goût que les marchands de blé ont pour leur commerce; et comme ces marchands-là aiment singulièrement le blé, dès qu'ils entendent parler d'un pays où il abonde, ils y naviguent, traversant la mer Égée, le Pont-Euxin, la mer de Sicile : là ils en prennent tant qu'ils peuvent, puis ils le rapportent par mer sur le vaisseau qui les porte eux-mêmes. S'ils ont besoin d'argent, ce n'est pas au hasard ni au premier endroit qu'ils déchargent le bâtiment; mais quand ils entendent parler d'un pays où le blé est à haut prix et dont les habitants sont prêts à le payer cher, ils s'y rendent et font livraison. Il me semble que c'est comme cela que ton père était un agriculteur passionné.

I. Tu plaisantes, Socrate, répondit Ischomachus. Pour moi, je pense que ceux-là sont de vrais amateurs de maisons, qui, à mesure qu'ils en bâtissent une, la vendent pour en bâtir une autre.

S. Par Jupiter, Ischomachus, répliquai-je, je suis prêt à jurer que tu as raison de croire qu'on aime naturellement ce dont on espère tirer profit.

XXI

Σ. Ἀτὰρ, ἐννοῶ γε, ἔφην, ὦ Ἰσχόμαχε, ὡς εὖ τῇ ὑποθέσει ὅλον τὸν λόγον βοηθοῦντα παρέσχησαι. Ὑπέθου γὰρ τὴν γεωργικὴν τέχνην πασῶν εἶναι εὐμαθεστάτην, καὶ νῦν ἐγὼ, ἐκ πάντων ὧν εἴρηκας, τοῦθ᾽ οὕτως ἔχειν παντάπασιν ὑπὸ σοῦ ἀναπέπεισμαι.

Ι. Νὴ Δί᾽, ἔφη ὁ Ἰσχόμαχος, ἀλλὰ τόδε τοι, ὦ Σώκρατες, τὸ πάσαις κοινὸν ταῖς πράξεσι καὶ γεωργικῇ καὶ πολιτικῇ καὶ οἰκονομικῇ καὶ πολεμικῇ, τὸ ἀρχικὸν εἶναι γνώμῃ¹, τοῦτο δὴ συνομολογῶ σοι ἐγὼ πολὺ διαφέρειν τοὺς ἑτέρους τῶν ἑτέρων· οἷον καὶ ἐν τριήρει, ἔφη, ὅταν πελαγίζωσι, καὶ δέῃ περᾶν ἡμε-ρησίους πλοῦς ἐλαύνοντας, οἱ μὲν τῶν κελευστῶν² δύνανται τοιαῦτα λέγειν καὶ ποιεῖν ὥστε ἀκονᾶν τὰς ψυχὰς τῶν ἀνθρώ-πων ἐπὶ τὸ ἐθελοντὰς πονεῖν, οἱ δὲ οὕτως ἀγνώμονές εἰσιν ὥστε πλέον ἢ ἐν διπλασίῳ χρόνῳ τὸν αὐτὸν ἀνύτουσι πλοῦν. Καὶ οἱ μὲν ἱδροῦντες, ἐπαινοῦντες ἀλλήλους, ὅ τε κελεύων καὶ οἱ πειθόμενοι, ἐκβαίνουσιν, οἱ δὲ ἀνιδρωτὶ ἥκουσι, μισοῦντες τὸν ἐπιστάτην καὶ μισούμενοι. Καὶ τῶν στρατηγῶν ταύτῃ διαφέρουσιν, ἔφη, οἱ ἕτεροι τῶν ἑτέρων· οἱ μὲν γὰρ οὔτε πονεῖν ἐθέλοντας οὔτε κινδυνεύειν παρέχονται, πείθεσθαί γε οὐκ ἀξιοῦντας οὐδ᾽ ἐθέλοντας ὅσον ἂν μὴ ἀνάγκη ᾖ, ἀλλὰ καὶ μεγαλυνομένους ἐπὶ τῷ ἐναντιοῦσθαι τῷ ἄρχοντι· οἱ δὲ αὐτοὶ οὗτοι οὐδ᾽ αἰσχύνεσθαι ἐπισταμένους παρέχουσιν, ἤν τι συμ-βαίνῃ. Οἱ δ᾽ αὖ θεῖοι καὶ ἀγαθοὶ καὶ ἐπιστήμονες ἄρχοντες τοὺς αὐτοὺς τούτους, πολλάκις δὲ καὶ ἄλλους ἥττους παραλαμβά-νοντες, αἰσχυνομένους τε ἔχουσιν αἰσχρόν τι ποιεῖν καὶ πείθεσθαι οἰομένους βέλτιον εἶναι, καὶ ἀγαλλομένους τῷ πείθεσθαι ἕνα ἕκαστον, καὶ σύμπαντας, πονεῖν ὅταν δεήσῃ, οὐκ ἀθύμως πο-νοῦντας· ἀλλ᾽ ὥσπερ ἰδιώταις ἔστιν⁵ οἷς ἐγγίγνεται φιλοπονία τις, οὕτω καὶ ὅλῳ τῷ στρατεύματι ὑπὸ τῶν ἀγαθῶν ἀρχόντων ἐγγίγνεται καὶ τὸ φιλοπονεῖν καὶ τὸ φιλοτιμεῖσθαι ὀφθῆναι καλόν τι ποιοῦντας ὑπὸ τοῦ ἄρχοντος. Πρὸς ὅντινα δ᾽ ἂν ἄρ-

XXI

S. Mais j'y songe, Ischomachus, comme tout ce discours vient à l'appui de ton sujet! Tu avais pris pour texte que l'agriculture est de tous les arts le plus facile à apprendre; et maintenant, d'après tout ce que tu viens de dire, j'en suis parfaitement convaincu.

I. Par Jupiter, reprit Ischomachus, j'en suis d'avis. Quant au talent de commander par l'intelligence, Socrate, talent nécessaire en toute chose, en agriculture, en politique, en économie, à la tête des armées, je conviens avec toi qu'il y a parmi les hommes une grande différence. Ainsi, quand on vogue sur une galère, et qu'il s'agit de fournir à la rame des traites d'un jour, tels céleustes savent dire et faire ce qu'il faut pour stimuler les esprits et faire travailler les hommes; d'autres sont tellement incapables qu'ils emploient au même trajet le double de journées; et, d'une part on débarque, couverts de sueur, mais se félicitant les uns les autres, chefs de manœuvre et rameurs; de l'autre, on arrive sans sueur, mais détestant le chef qui déteste l'équipage. Les généraux diffèrent de même les uns des autres. Les uns produisent des soldats qui ne veulent point affronter une fatigue, qui ne daignent point obéir et s'y refusent tant qu'il n'y a pas absolue nécessité et qui vont même jusqu'à se faire honneur de leur résistance à leur chef, incapables de rougir d'un échec déshonorant. Mais que des chefs favorisés du ciel, pleins de valeur et d'habileté, prennent ces mêmes hommes, et souvent même d'autres qui ne les valent pas, ils les rendront honteux de la moindre lâcheté, convaincus qu'il est mieux d'obéir, fiers de leur soumission individuelle et collective, prêts à la fatigue quand il le faut, et l'endurant de bon cœur. On voit parmi les simples particuliers des hommes naturellement portés au travail; ici c'est une armée tout entière, qui, guidée par de bons chefs, se laisse ravir à l'amour du travail et de la gloire et est fière d'un bel exploit accompli sous l'œil du général.

χοντα διατεθῶσιν οὕτως οἱ ἑπόμενοι, οὗτοι¹ δὴ ἐρρωμένοι γε
ἄρχοντες γίγνονται, οὐ μὰ Δί᾽, οὐχ οἳ ἂν αὑτῶν ἄριστα τὸ
σῶμα τῶν στρατιωτῶν² ἔχωσι καὶ ἀκοντίζωσι καὶ τοξεύωσιν
ἄριστα καὶ ἵππεν ἄριστον ἔχοντες ὡς ἱππικώτατα ἢ πελταστι-
κώτατα προκινδυνεύωσιν· ἀλλ᾽ οἳ ἂν δύνωνται ἐμποιῆσαι τοῖς
στρατιώταις ἀκολουθητέον εἶναι καὶ διὰ πυρὸς, τούτους δὴ
δικαίως ἄν τις καλοίη μεγαλογνώμονας· καὶ μεγάλῃ χειρὶ
εἰκότως ἂν οὗτος λέγοιτο πορεύεσθαι οὗ ἂν τῇ γνώμῃ πολλαὶ
χεῖρες ὑπηρετεῖν ἐθέλωσι, καὶ μέγας τῷ ὄντι οὗτος ἀνὴρ ὃς ἂν
μεγάλα δύνηται γνώμῃ διαπράξασθαι μᾶλλον ἢ ῥώμῃ. Οὕτω
δὲ καὶ ἐν τοῖς ἰδίοις ἔργοις, ἄν τε ἐπίτροπος ᾖ ὁ ἐφεστηκὼς ἄν
τε καὶ ἐπιστάτης³, ὃς ἂν δύνηται προθύμους καὶ ἐντεταμένους
παρέχεσθαι εἰς τὸ ἔργον καὶ συνεχεῖς, οὗτοι δὴ οἱ ἀνύτοντές
εἰσιν ἐπὶ τἀγαθὰ καὶ πολλὴν τὴν περιουσίαν ποιοῦντες. Τοῦ
δὲ δεσπότου ἐπιφανέντος, ὦ Σώκρατες, ἔφη, ἐπὶ τὸ ἔργον,
ὅστις δύναται καὶ μέγιστα βλάψαι τὸν κακὸν καὶ μεγίστοις τι-
μῆσαι τὸν πρόθυμον, εἰ μηδὲν ἐπίδηλον ποιήσουσιν οἱ ἐργάται,
ἐγὼ μὲν αὐτὸν οὐκ ἂν ἀγαίμην, ἀλλ᾽ ὃν ἂν ἰδόντες κινηθῶσι
καὶ μένος ἑκάστῳ ἐμπέσῃ⁴ καὶ φιλονικία πρὸς ἀλλήλους καὶ φι-
λοτιμία κρατίστη οὖσα ἑκάστῳ, τοῦτον ἐγὼ φαίην ἂν ἔχειν τι
ἤθους βασιλικοῦ. Καὶ ἔστι τοῦτο μέγιστον, ὡς ἐμοὶ δοκεῖ, ἐν
παντὶ ἔργῳ ὅπου τι δι᾽ ἀνθρώπων πράττεται, καὶ ἐν γεωργίᾳ
δέ. Οὐ μέντοι, μὰ Δία, τοῦτό γε ἔτι ἐγὼ λέγω ἰδόντα μαθεῖν
εἶναι οὐδὲ ἅπαξ ἀκούσαντα, ἀλλὰ καὶ παιδείας δεῖν φημι τῷ
ταῦτα μέλλοντι δυνήσεσθαι καὶ φύσεως ἀγαθῆς ὑπάρξαι, καὶ τὸ
μέγιστον δὴ θεῖον⁵ γενέσθαι. Οὐ γὰρ πάνυ μοι δοκεῖ ὅλον τουτὶ
τὸ ἀγαθὸν ἀνθρώπινον εἶναι ἀλλὰ θεῖον, τὸ ἐθελόντων ἄρχειν·
οὗ σαφῶς φείδονται⁶ τοῖς ἀληθινῶς σωφροσύνῃ τετελεσμένοις.
Τὸ δὲ ἀκόντων τυραννεῖν διδόασιν, ὡς ἐμοὶ δοκεῖ, οὓς ἂν
ἡγῶνται ἀξίους εἶναι βιοτεύειν ὥσπερ ὁ Τάνταλος⁷ ἐν Ἅιδου
λέγεται τὸν ἀεὶ χρόνον διατρίβειν, φοβούμενος μὴ δὶς ἀποθάνῃ.

D'ailleurs, quels que soient les chefs envers lesquels leurs subordonnés sont ainsi disposés, ces chefs ne peuvent manquer de devenir puissants, non pas vraiment parce qu'ils sont plus robustes que leurs soldats, qu'ils lancent bien le javelot et la flèche, qu'ils sont bons cavaliers, et qu'ils ont un excellent cheval et affrontent le danger à la façon des plus habiles cavaliers et des meilleurs peltastes, mais parce qu'ils sont capables d'inspirer à leurs troupes le courage de les suivre même au travers du feu. On a raison d'appeler hommes d'un grand cœur ceux que suit une troupe ainsi animée, et de dire que celui-là s'avance avec un grand bra.. à qui tant de bras obéissent ; en effet, on est réellement un gra... homme quand on fait de grandes choses plutôt par le génie que par la force du corps. Il en est de même dans les œuvres domestiques : quand le contre-maître qui surveille, le chef des travailleurs, savent rendre les gens ardents au travail, appliqués, assidus, ce sont vraiment eux qui font prospérer la maison et y versent l'abondance. Mais quand un maître, Socrate, se montre aux ouvriers, sans que la présence de celui qui peut fortement punir le paresseux et récompenser largement le travailleur, fasse rien produire de remarquable à ces hommes, je ne puis avoir d'admiration pour lui ; mais celui dont la vue met tout en mouvement et communique aux ouvriers un élan, une émulation générale, une ambition puissante et individuelle, je dirai de lui qu'il a l'âme d'un roi. Or c'est là, selon moi, le point capital, dans toute œuvre qui se fait par des hommes, et notamment dans l'agriculture. Seulement, par Jupiter, je ne dis point que ce talent s'acquière aussi à simple vue et dans une simple leçon ; je prétends, au contraire, que, pour y atteindre, il faut l'instruction et un bon naturel, et, ce qui est plus encore, une inspiration d'en haut. En effet, je ne puis croire que ce soit une œuvre humaine, mais divine, de régner sur des cœurs qui se donnent ; seulement ce don n'est accordé qu'aux hommes véritablement doués d'une prudence accomplie. Quant à tyranniser des cœurs qui s'y refusent, c'est, selon moi, un privilège accordé par les dieux à ceux qui sont dignes de vivre comme Tantale, éternellement tourmenté, dit-on, dans les enfers, par la crainte de mourir deux fois.

NOTES

SUR L'ÉCONOMIQUE DE XÉNOPHON.

Page 4 : 1. Οἰκονομικός. Sous-ent. λόγος. D'autres opuscules de Xénophon sont intitulés de même Ἱππαρχικός, Κυνηγετικός; un dialogue de Platon, Πολιτικός.

— **2.** Αὐτοῦ, c'est-à-dire Σωκράτους. Originairement, l'*Économique*, à ce que croient plusieurs critiques, faisait partie d'un grand ouvrage, destiné à défendre la mémoire de Socrate, et paraissant avoir été composé par Xénophon en réponse à un écrit, qui jouit d'une certaine vogue dans les premières années du quatrième siècle avant Jésus-Christ, la Κατηγορία Σωκράτους, par le sophiste Polycrate. Cette apologie comprenait, outre les *Mémorables* et l'*Économique*, peut-être aussi le *Banquet*. C'est ce qui expliquerait la présence de la particule de liaison δὲ, et l'emploi du pronom αὐτοῦ pour désigner Socrate, dont il a déjà été question tout le long des *Mémorables*.

— **3.** Κριτόβουλε. Critobule, fils de ce Criton, l'un des plus fidèles disciples de Socrate que Platon a mis en scène dans le dialogue qui porte son nom. Il figure aussi dans les *Mémorables* et dans le *Banquet*.

Page 8 : 1. Τὸν ὑοσκύαμον, *jusquiame*, genre de la famille des Solanées renfermant une quinzaine d'espèces, toutes plantes herbacées; toutes les jusquiames sont narcotiques et vénéneuses.

— **2.** Οἱ δὲ φίλοι.... τί φήσομεν αὐτούς. Anacoluthe remarquable.

Page 10 : 1. Ὠφελεῖσθαι ἀπὸ τῶν ἐχθρῶν. Plutarque, frappé à la lecture de l'*Économique*, de la portée de cette formule : *tirer parti de ses ennemis*, composa, pour la développer, un petit traité, qui nous a été conservé, parmi ses *Œuvres morales*, sous le titre Πῶς ἄν τις ὑπ' ἐχθρῶν ὠφελοῖτο.

— **2.** Ἰσχυρότατά γε. Le texte présente ici une lacune, considérable, à ce qu'il semble. Socrate devait exposer, dans cette partie perdue du texte, comment on peut tirer parti de ses ennemis; or, ce n'est pas seulement en leur faisant la guerre qu'on peut retirer d'eux du profit.

Page 10 : 3. Εὐπατριδῶν. La tradition faisait remonter à Thésée l'antique division du peuple athénien en trois classes, à savoir : les εὐπατρίδαι ou la noblesse, les γεωμόροι ou la classe bourgeoise et les petits propriétaires du sol, enfin les δημιουργοί, les ouvriers ou la basse classe.

Page 14 : 1. 'Ανάγκην.... μεγάλα. Obligation, non définie d'ailleurs par la loi, pour le riche de faire souvent de beaux sacrifices aux dieux. En y manquant, 1° il n'eût pas attiré sur sa patrie la protection des *dieux*; 2° pour cela même, et aussi parce que c'était l'usage de distribuer les viandes des victimes au peuple, il eût indisposé contre lui les *hommes*.

— 2. Ξένους.... μεγαλοπρεπῶς. Obligation morale pour le riche d'exercer l'hospitalité envers les citoyens d'autres villes qui venaient dans sa patrie, soit pour exercer une mission publique, soit même en simples particuliers; on y gagnait quelquefois le titre de « proxène et bienfaiteur » de ces villes, mais au moins du crédit auprès des cités étrangères, et, partant de l'influence dans sa propre patrie.

— 3. Πολίτας δειπνίζειν. Les citoyens d'une même tribu se réunissaient, à des époques réglées, pour prendre un repas en commun. Les frais d'un de ces banquets montaient, approximativement, à un minimum de 700 francs de la monnaie d'alors. La dépense était supportée, ainsi que celles des autres charges publiques dont il est question dans la suite de la phrase, par les riches de chaque tribu, à partir d'une fortune minimum d'environ 18 000 francs (monnaie d'alors), à tour de rôle, suivant un ordre déterminé par la loi.

Page 16 : 1. 'Ιπποτροφίας. Les citoyens des deux classes les plus élevées d'Athènes devaient entretenir des chevaux, 1° en vue du service militaire, dont ils s'acquittaient dans la cavalerie; 2° pour figurer à cheval dans les processions aux fêtes religieuses; 3° Il était de bon ton de *faire courir* dans les grands jeux de la Grèce (jeux Olympiques, etc.).

— 2. Χορηγίας. La *chorégie* consistait à faire les frais d'instruction et de costume pour les chœurs qui figuraient dans les solennités religieuses, tels que chœurs cycliques, chœurs de pyrrhique, chœurs des tragédies et des comédies; les frais de toute sorte qu'entraînaient les représentations théâtrales étaient à la charge des chorèges.

— 3. Γυμνασιαρχίας. La *gymnasiarchie* ou *lampadarchie* consistait principalement à faire les frais des *courses aux flambeaux* qui se donnaient à l'occasion des grandes fêtes, comme les Pana-

thénées ou fêtes d'Athéné, les fêtes en l'honneur de Prométhée, d'Héphaïstos, etc.

Page 16 : 4. Προστατείας, les présidences (en général). Certaines présidences, notamment celle des θεωρίαι, ou l'archithéorie, étaient fort coûteuses. (*Théorie*, députation publique envoyée pour prendre part à la fête d'une divinité, célébrée dans une ville étrangère.)

— 5. Τριηραρχίας, la *triérarchie*, la plus lourde des charges à Athènes, consistant dans la participation à l'armement ou à l'entretien de la flotte.

— 6. Εἰσφοράς, contributions extraordinaires payées par les citoyens pour subvenir aux frais de guerre.

Page 18 : 1. Κιθαρίζειν.... λύρας. La lyre et la cithare étaient deux instruments de la même famille, ne différant guère que par le nombre des cordes et la grandeur. Κιθαρίζειν est le terme ordinaire pour dire « jouer de la lyre, de la cithare ou tout autre instrument à corde de la même famille. » Λύρα, d'autre part, est le mot générique pour désigner la lyre et ses congénères. D'où les expressions comme λύρᾳ κιθαρίζειν.

— 2. Mot explétif.

— 3. Ἄν, placé en tête de la phrase par anticipation, tombe sur les deux verbes ἐμέμφου et sur μέμφοιο, auprès de chacun desquels, du reste, il se trouve ensuite répété.

Page 20 : 1. Τῶν φίλων τουτωνί. Socrate ne converse pas en tête à tête avec Critobule. Il est entouré, comme il arrivait d'ordinaire, d'un cortège de disciples, qui jouent, dans les dialogues socratiques le rôle de personnages muets. Xénophon est censé assister à la conversation, puisque l'*Économique* débute ainsi : Ἤκουσα δέ ποτε αὐτοῦ κτλ.

Page 22 : 1. Πάνυ πρωΐ.... πάνυ μακρὰν ὁδόν. Critobule n'habitait pas dans Athènes même : du théâtre à n'importe quel quartier de la ville, il n'y avait pas trois quarts d'heure. Il devait avoir son domicile dans la campagne d'Athènes, au milieu de ses domaines.

Page 24 : 1. Ὑφ' ἱππικῆς, ainsi placé en tête des deux membres de phrase τοὺς μέν..., τοὺς δέ... sert de régime également aux verbes de ces deux membres de phrase. Les manuscrits donnent διὰ τὴν ἱππικὴν après τοὺς δέ : considérez ces mots comme une glose prétendue explicative, inutilement ajoutée par un lecteur.

Page 26 : 1. Ἀσπάσιαν. Aspasie de Milet, fille d'Axiochus, femme d'une grande beauté, d'une moralité plus que suspecte,

mais d'un esprit très-distingué, vint enseigner l'éloquence à Athènes, où les premiers personnages de la république suivirent ses leçons. Les maris y conduisaient leurs femmes. Socrate et Périclès furent au nombre de ses auditeurs, et on peut voir dans le *Ménexène* de Platon, malgré une légère teinte d'ironie dans le préambule de ce dialogue, quel cas Socrate faisait de ses talents. Périclès répudia sa femme pour épouser Aspasie, qui exerça une grande influence sur les affaires politiques de la Grèce. Lorsqu'il fut mort, elle se remaria, dit-on, à Lysiclès, riche marchand de bestiaux, qui, grâce à ses leçons, devint un orateur habile.

Page 34 : 1. Μαχόμενοι. Un lecteur ancien ajouta ici à la marge de son livre la rectification suivante, puisée dans l'*Anabase* de Xénophon : πλὴν Ἀριαίου· Ἀριαῖος δ' ἔτυχεν ἐπὶ τῷ εὐωνύμῳ κέρατι τεταγμένος. Cette annotation passa dans le texte des autres manuscrits de Xénophon et de là dans celui de la plupart des éditions de l'*Économique*.

— 2. Λυσάνδρῳ. Cette ambassade de Lysandre auprès de Cyrus remonte à l'an 407 avant Jésus-Christ.

— 3. Τὸν Μίθρην. Mithra, dieu des anciens Perses représentant le soleil et le feu.

— 4. Δικαίως.... εὐδαιμονεῖς. Cicéron, qui a inséré dans son dialogue *sur la Vieillesse* cette anecdote sur Cyrus, traduit ainsi cette dernière phrase : « Recte vero te, Cyre, beatum ferunt, quo- « niam virtuti tuæ fortuna conjuncta est. »

Page 38 : 1. Μητέρα καὶ τροφόν. C'est le mot de Sully : « Pâtu- rage et labourage sont les deux mamelles de l'État. »

Page 40 : 1. Ἐρυσίβαι, maladie des graminées connue sous les divers noms de *nielle, charbon, rouille;* elle attaque les grains des graminées sans leur causer de ravages extérieurs, mais en détruisant la farine, qu'elle remplace par une sorte de poussière noire, grasse au toucher et fétide : cette maladie est due à un cryptogame parasite et microscopique.

— 2. Καρπῶν ὑγρῶν, *frumentorum*, les céréales (blé, orge, etc.); καρποὶ ξηροί, *legumina*, les légumineuses (fèves, pois, etc.).

Page 44 : 1. Ἰσχόμαχον. On manque absolument de renseigne- ments sur la personne de cet Ischomachus, à moins qu'on n'ad- mette que c'est le même personnage dont se moqua, à cause de son avarice, le poëte comique Cratinus, le rival d'Aristophane.

— 2. Στοᾷ. Le portique de Ζεὺς Ἐλευθέριος formait, à ce qu'on croit, une partie de la bordure occidentale de l'agora d'Athènes.

Page 46 : 1. Ἀντίδοσιν. Lorsqu'un Athénien était désigné pour faire les frais d'une triérarchie ou d'une chorégie, il pouvait se

soustraire à cette charge en indiquant, pour la remplir au lieu de lui, tel Athénien qu'il prétendait être plus riche que lui. Celui-ci refusait-il, il était alors tenu, si l'autre le proposait, de faire avec lui l'échange de leurs biens respectifs : cet échange s'appelait ἀντίδοσις.

— 2. Πατρόθεν, en ajoutant le nom de mon père. On sait que dans les actes officiels les personnes étaient désignées par leur nom et celui de leur père au génitif, plus la mention de leur *dème* (arrondissement); exemple : Δημοσθένης Δημοσθένου; Παιανιεύς.

Page 48 : 1. Γυμνικὸν ἀγῶνα, jeux gymniques, savoir : lutte, combat du ceste, course à pied, jeu du disque; ἱππικὸς ἀγῶν, course de chars, course en selle.

— 2. Ἐκ τῶν δυνατῶν, dans la mesure où il leur était possible (de choisir). On a proposé cette autre traduction : « e potentibus, « divitibus »; mais elle paraît peu satisfaisante pour la suite des idées.

Page 60 : 1. Μάζης, sorte de galette faite d'orge; le pain se faisait de pur froment; ὄψον, un plat : il s'agit ici d'un plat de fèves, de pois ou d'autres légumineuses.

— 2. Πλοῖον τὸ Φοινικιχόν. Ischomachus parle évidemment d'un vaisseau, bien connu alors dans le port d'Athènes.

— 3. Σκευῶν, les agrès, c'est-à-dire dans un vaisseau tout ce qui n'est pas la coque. Ils se divisent ordinairement en σκεύη ξύλινα, à savoir les rames, avirons, gouvernails, mâts, vergues, etc., et en σκεύη κρεμαστά, voiles, cordages, ancres, etc. Dans le texte ci-dessus, les cordages sont désignés par l'expression spéciale de σκεύη πλεκτά.

Page 62 : 1. Ὁ θεὸς — τοῖς θεοῖς. Le dieu dont parle le pilote, qui fait la tempête sur la mer, qui menace et châtie les négligents, qui sauve ceux qui ont bien rempli leur devoir de matelots, apparaît ici comme un « génie des mers » subordonné à la puissance « des dieux ».

Page 64 : 1. Κύκλιος χορός. Les chœurs cycliques étaient formés soit d'hommes, soit d'enfants, chantant en rond autour de l'autel d'une divinité.

— 2. Μυριοπλάσια ἡμῶν équivaut à μυριοπλάσια ἢ ἡμεῖς.

Page 66 : 1. Πρὸς μεσημβρίαν ἀναπέπταται, s'ouvre au midi. C'est-à-dire que la façade principale était au midi : les fenêtres, fermées uniquement par des volets de bois, s'ouvraient en dehors. En laissant les volets fermés, l'été, pendant la chaleur, on conservai

la fraîcheur dans les appartements, on les ouvrait l'hiver, quand il faisait du soleil.

Page 66 : 2. Θυρα βάλανωτῇ, porte fermée avec un βάλανος, nous dirions *à clef*. — Une traverse horizontale (μοχλός), fixée au battant de la porte et le dépassant, vient se placer, lorsque le battant est fermé, au-dessus d'une saillie de la paroi. Un trou cylindrique est percé de haut en bas dans la partie de la traverse qui dépasse le battant, et il se prolonge dans l'intérieur de la saillie de la paroi. On laisse tomber au fond de ce trou un petit cylindre de fer, appelé βάλανος, dont la tête s'enfonce jusqu'à moitié environ de la hauteur de la traverse, et qui ainsi l'assujettit. Le trou est très-étroit et le βάλανος le remplit exactement; il est impossible de retirer le βάλανος avec les doigts; il faut une sorte de clef (βαλα-νάγρα) faite exprès et qui s'ajuste avec la tête du βάλανος.

Page 72 : 1. Ζεῦξις. Zeuxis, l'un des peintres les plus célèbres de l'antiquité, contemporain de Sophocle et de Socrate.

— 2. Ψιμυθίῳ, céruse (carbonate de plomb).

— 3. Ἐγχούσῃ, orcanète, nom que portent deux plantes de la famille des Borraginées, la Buglosse teignante (*Anchusa tinctoria*) et le Grémil des teinturiers (*Lithospermum tinctorium*). L'une et l'autre renferment dans la portion corticale de la racine un principe colorant. La buglosse fournit une jolie couleur vermeille, peu tenace; le grémil, un principe colorant d'un lanc rouge. Les dames grecques ou romaines qui se fardaient ne connaissaient pas d'autre *rouge* que ces deux substances végétales.

Page 74 : 1. Μίλτῳ, minium (oxyde rouge de plomb).

Page 76 : 1. Τῷ Νικίου. On ne sait pas de quel personnage il est ici question.

Page 78 : 1. Ἀγαθῇ ἡμέρᾳ. Les anciens croyaient que certains jours valaient mieux que d'autres pour commencer quoi que ce fût.

Page 80 : 1. Οἱ δὲ δὴ δυνάμενοι..., πῶς τούτους, anacoluthe.

— 2. Βαθεῖς. Ce mot se disait d'un homme riche et puissant.

— 3. Ξυστῷ. Les Athéniens allaient volontiers se promener en causant sous les galeries couvertes des gymnases, galeries appelées ξυστοί (ou δρόμοι).

— 4. Νειὸν ποιοῦντες, préparant une terre à recevoir la semence. Les Grecs laissaient reposer la terre une année sur deux, ne la travaillant cette année-là que pour détruire les mauvaises herbes : c'est ce qui s'appelait νειὸν ποιεῖν.

Page 82 : 1. Ἐξαλίσας. Ἐξαλίνδειν ἵππον, c'est faire rouler un cheval en sueur dans la poussière.

Page 82 : 1. Ἀπεστλεγγισάμην. Pour faire disparaître l'humidité répandue à la surface du corps par la chaleur d'un bain de vapeur ou à la suite d'exercices violents, les Grecs se raclaient la peau avec une petite lame recourbée, creusée en un canal où pouvait couler comme dans une gouttière la sueur que l'instrument exprimait de la peau. Cet instrument portait le nom de *st i, 'tis* à Rome ; en Grèce, de στλεγγίς : d'où ἀποστλεγγίζειν.

Page 84 : 1. Πολεμίους. Il y a ici, à ce qu'il semble, une lacune dans le texte.

— **2. Παθεῖν ἢ ἀποτῖσαι.** Dans les causes publiques, lorsqu'un jugement était intervenu, prononçant qu'un prévenu était coupable des faits allégués contre lui, il restait à déterminer quelle peine soit corporelle (παθεῖν), soit pécuniaire (ἀποτῖσαι) lui serait appliquée.

— **3. Τὸν ἥττω λόγον.** Allusion à la pièce des *Nuées* d'Aristophane, dans laquelle Socrate est présenté comme maniant la parole avec une subtilité telle, qu'il sait faire triompher en justice la mauvaise cause (τὸν ἥττω λόγον) sur la bonne (τὸν κρείττω λόγον). Voy. les vers 112-115 des *Nuées* et la scène qui commence au v. 889 entre le Δίκαιος Λόγος et le Ἄδικος Λόγος.

— **4. Μή... βουλόμενον.** Plusieurs éditions font suivre cette phrase d'un point d'interrogation. Μή prend alors le sens de *num !* Est-ce que je t'empêche ?

— **5. Ἀγορὰ λυθῇ.** Rappelons-nous que c'est à l'agora que Socrate avait rencontré Ischomachus. (Chap. ı).

— **6. Τοῖς ξένοις,** les étrangers qu'il attendait sous le portique de Jupiter lorsqu'il fut abordé par Socrate.

Page 86 : 1. Ἐπιτρόπους. Le mot ἐπίτροπος désigne celui à qu on confie le soin de quelque chose ; il s'agit ici d'esclaves ou d'affranchis, chargés de la surveillance des autres esclaves. Nous traduisons par *contre-maître.*

— **2. Εὔνους,** au singulier parce qu'il s'agit ici de l'homme dont on veut faire un contre-maître.

Page 90 : 1. Τοῦ βαρβάρου. L'article indique que l'historiette était très connue, et la réponse passée en proverbe : λεγομένη, *quæ fertur.*

— **2. Βασιλεύς,** sans article, désigne le roi de Perse.

Page 92 : 1. Μανθάνουσιν. Remarquez cette 3ᵉ personne du pluriel avec un sujet neutre, tandis que quelques lignes plus bas nous lisons τὰ κυνίδια... μανθάνει et πείθηται... δεῖται... κολάζεται

Page 94 : 1. Διδάσκειν, suppléez τὸν ἐπίτροπον. Remarquez ce passage du pluriel au singulier.

Page 96 : 1. Ταύτην... τὴν δικαιοσύνην, cette justice-là, c'est-à-dire la justice qui consiste dans τὸ ἀπέχεσθαι... καὶ μὴ κλέπτειν.
— 2. Ἀλῷ ποιῶν. Xénophon nous apprend lui-même dans les *Mémorables* que la loi athénienne punissait de mort le vol simple, dans le cas de flagrant délit, aussi bien que le vol avec effraction et à main armée.
— 3. Τῶν βασιλικῶν νόμων. Il s'agit des lois portées par les rois de Perse pour favoriser l'agriculture. Voyez chap ix.

Page 100 : 1. Ἄν... δοκῶ εἶναι. La particule ἄν tombe sur εἶναι et lui donne le sens conditionnel, que je serais.
— 2. Τῷ περιιόντι ἰατρῷ. Allusion à ce qui a été dit au chap. xiii, page 198.
— 3. Μανθάνοντας,... τὸν διδασκόμενον. Le premier participe est au pluriel sans article, parce que l'écrivain parle d'abord d'une manière générale ; le second est au singulier et prend l'article parce qu'il s'agit particulièrement de l'homme qui veut vivre de l'agriculture.
— 4. Ἄν. Ce premier ἄν tombe, comme le second qu'il ne sert qu'à annoncer, sur le verbe ἐπίσταιο.
— 5. Καὶ τῶν ζώων. Il y a là une idée sous-entendue. Si nous appelons nobles les animaux qui....., à plus forte raison un art tel que l'agriculture mérite d'être appelé ainsi.

Page 102 : 1. Θεομαχεῖν. *Aliquid facere invitis diis* ou *invita natura*. Nous verrons au chap. xiii que Xénophon admet que tout dans la nature a été fixé par la divinité qui, au moyen de signes certains, indique ce qu'il faut faire.
— 2. Θαλαττουργοὶ ὄντες. Ces mots sont suivis dans la plupart des éditions de : καὶ οὔτε καταστήσαντες ἐπὶ θέαν, οὔθ᾽ ἡσυχῇ βαδίζοντες, ἀλλὰ παρατρέχοντες ἅμα τοὺς ἀγρούς, ὅταν ὁρῶσι τοὺς καρποὺς ἐν τῇ γῇ, sans s'arrêter par curiosité, sans se ralentir jamais, mais tout en longeant les côtes, à la seule inspection des fruits que produit la terre.

Page 104 : 1. Χεῖσθαι, être meuble, en parlant de la terre. Virgile dit d'une manière analogue : *Putris se gleba resolvit. G. I, 44.*
— 2. Ὕλης, comme le latin *silva* désigne toute espèce de végétation touffue.
— 3. Ὀπτήν. Comparez avec ce précepte de Virgile : *Glebasque jacentes Pulverulenta coquat maturis solibus æstas. G. I, 66.*

Page 106 : 1. Ἡ ὠμὴ αὐτῆς, par un hellénisme fréquent pour τὸ ὠμόν. Le grec met volontiers l'adjectif au genre du substantif dont le génitif lui sert de complément.

— 2. Δῆλον ὅτι, forme une sorte de locution adverbiale. En réalité δῆλον est un accusatif neutre absolu, comme on emploie ἐξόν, παρόν, etc.

Page 108 : 1. Πρώϊμος. Xénophon qualifie de πρώϊμος l'ensemencement qui a lieu après le coucher des pléïades et de ὀψιμώτατος celui qui se fait aux environs de l'hiver.

Page 110 : 1. Τοῖς δυνατωτέροις, à ceux qui ont le plus de ressources et par conséquent aux plus riches.

Page 114 : 1. Οἱ λικμῶντες. Les anciens vannaient en lançant en l'air au moyen de pelles ou de fourches le blé qui venait d'être battu. Le vent emportait les pailles et le blé plus lourd retombait sur l'aire.

— 2. Τίνι τοῦτο, suppléez après ces mots ἐπιμελές ἐστι, ou un mot analogue.

— 3. Τοῖς ἐπαλωσταῖς. Comme on le voit par ce qui suit, les épalostes étaient chargés de faire passer les épis sous les pieds des animaux auxquels on faisait battre le grain.

Page 116 : 1. Ἐκ τοῦ προσηνέμου... ἅλω. Le côté de l'aire qui est celui d'où vient le vent, qui a par rapport à l'autre le dessus du vent.

— 2. Ἐκ τοῦ ὑπηνέμου, sous-entendu μέρους par opposition à ἐκ τοῦ προσηνέμου μέρους. C'est le côté de l'aire qui est sous le vent de l'autre, qui est le plus éloigné du lieu d'où souffle le vent.

— 3. Ἀχυροδόκη. C'est la partie vide de l'aire, en d'autres termes, c'est l'aire moins les parties réservées au battage, au blé à vanner et à celui qui est vanné.

— 4. Μέχρὶ.... ἅλω. Le vanneur s'arrêtait lorsqu'il avait vanné le blé qui occupait la moitié de la surface de l'aire.

— 5. Πόλον. Ce mot paraît désigner un point de la circonférence de l'aire. Quand il a vanné le blé qui occupe la moitié de la surface de l'aire, il est naturel que le vanneur amasse (συνώσας) dans le plus petit espace possible vers la surface de l'aire le blé qui est déjà nettoyé (τὸν καθαρόν).

Page 120 : 1. Λυκαβηττόν. Le Lycabète, colline située aux portes d'Athènes, au N.-E. de l'Acropole.

— 2. Φαληρικῷ, de Phalère, dème et port de l'Attique à l'E. du Pirée.

— 3. Κλώμενα. Κλᾶν et les mots de même famille κλαδᾶν, κλα-δεύειν, paraissent avoir été techniques dans le sens de *tailler la vigne*. Il n'a pas encore été question de cette plante; cependant la suite du chapitre donne à penser qu'il s'agit ici de la plantation et du bouturage de la vigne. Il est donc probable qu'il y a plus haut perte d'un mot, peut-être ἀμπελίνοις entre τοῖς et φυτοῖς, page 254, l. 2.

Page 122 : 1. βαθύτερος.... ὀρύττεται. Parce que les arbres plantés au bord de la route sont plus exposés à être arrachés, et que du côté de la route où le terrain est tassé les racines se développent moins bien.

— 2. Πρέμνα, souches. On plantait les rejetons d'oliviers avec la souche qui les portait.

— 3. Τὸ ἄνω. Ce traitement des souches d'oliviers avait pour but d'empêcher le bois de se dessécher et de se fendre sous les rayons du soleil. A son tour, la terre délayée (πηλός) qui formait l'enduit, était garantie avec des tessons ou d'autres matières de ce genre comme on va le voir.

— 4. Ὄστρακον. Ce mot désigne toute espèce de tesson de terre cuite. Ces tessons étaient destinés à empêcher la terre qui couvrait la partie supérieure des couches, de se sécher ou d'être emportée par la pluie.

Page 124 : 1. Ἴσως ἄν. La particule ἄν indique l'ellipse de δύναιο.

Page 126 : 1. Ἀνήρ, avec l'esprit rude, crase pour ὁ ἀνήρ.

— 2. ἔστιν ἐν οἷς. Cette locution à peu près intraduisible en mot à mot est l'équivalent de ἐν ἐνίοις.

Page 128 : 1. Ῥᾴδιον ὄν. Exemple d'accusatif absolu, avec le sens conditionnel qu'il a très souvent, « quand il serait facile ».

— 2. Ἀπάτη. En ce qui concerne les chevaux, c'est une allusion aux mille ruses des maquignons.

Page 132 : 1. Εὑρίσκοι. A pour sujet le nom de la chose à vendre; il est pour ainsi dire le mot technique en pareil cas. Voy. chap, II, p. 26, l. 6.

— 2. Εἶναι équivaut ici à ὅτι ἦν, nous en trouverons plus loin un autre exemple.

Page 134 : 1. Γνώμη. Dans beaucoup d'éditions ce mot est rejeté après διαφέρειν, dont il devient alors le complément.

— 2. Τῶν κελευστῶν. On appelait ainsi ceux qui étaient chargés de commander les rameurs et de leur marquer la cadence.

— 3. Ἰδιώταις ἐστὶν οἷς est l'équivalent de ἐνίοις ἰδιῶται.

Page 136 : 1. Οὗτοι, quoiqu'il y ait plus haut ὅντινα. Les indéfinis comme πᾶς, τις, ὅστις, renfermant une idée de pluriel, sont quelquefois accompagnés de ce nombre.

— 2. Ἄριστα τῶν στρατιωτῶν. Au lieu du superlatif nous employerions en français le comparatif. On dit en grec ἄριστος τῶν ἄλλων, littéralement, le meilleur des autres, c'est-à-dire le meilleur de tous comparé aux autres, meilleur que les autres.

— 3. Ἐπιστάτης. Xénophon a donné plus haut ce titre au chef des rameurs. On appelait de ce nom tous ceux qui étaient chargés de faire exécuter un travail, quel qu'il fût.

— 4. Καὶ... ἐμπέσῃ. Ce changement de tournure après une proposition qui commence par un pronom relatif n'est pas rare en grec.

— 5. Θεῖον. Un homme divin, qui participe de la nature divine, ou est inspiré de Dieu. En toute chose Xénophon fait intervenir la divinité.

— 6. Οὗ σαφῶς φείδονται. Plusieurs éditions portent : σαφῶς; δὲ δέδοται, il a été donné manifestement.... Φείδονται a pour sujet οἱ θεοί contenu implicitement dans Θεῖον.

— 7. Τάνταλος. Tantale, roi de Phrygie, admis à la table des dieux, avait divulgué leurs secrets. Pour le punir de son indiscrétion, Jupiter l'avait précipité dans les enfers où le menaçait sans cesse la chute d'un rocher placé au-dessus de sa tête.

FIN.

Librairie **HACHETTE** et Cⁱᵉ, 79, boul. St-Germain, à Paris.

A. BAILLY

CORRESPONDANT DE L'INSTITUT, PROFESSEUR HONORAIRE AU LYCÉE D'ORLÉANS

DICTIONNAIRE
GREC-FRANÇAIS

Rédigé avec le concours de M. E. EGGER

A L'USAGE DES ÉLÈVES DES LYCÉES ET COLLÈGES

CONTENANT

le vocabulaire complet de la langue grecque classique,
les indications grammaticales usuelles ;
la quantité, le sens, justifié par d'abondantes références, avec
renvois au texte, et par de nombreux exemples traduits ;
l'étymologie ; les noms propres placés à leur ordre alphabétique ;
une liste des racines, etc., etc.

Troisième édition revue et corrigée

UN VOLUME GRAND IN-8 DE 2200 PAGES, CARTONNAGE TOILE

PRIX : 15 FRANCS

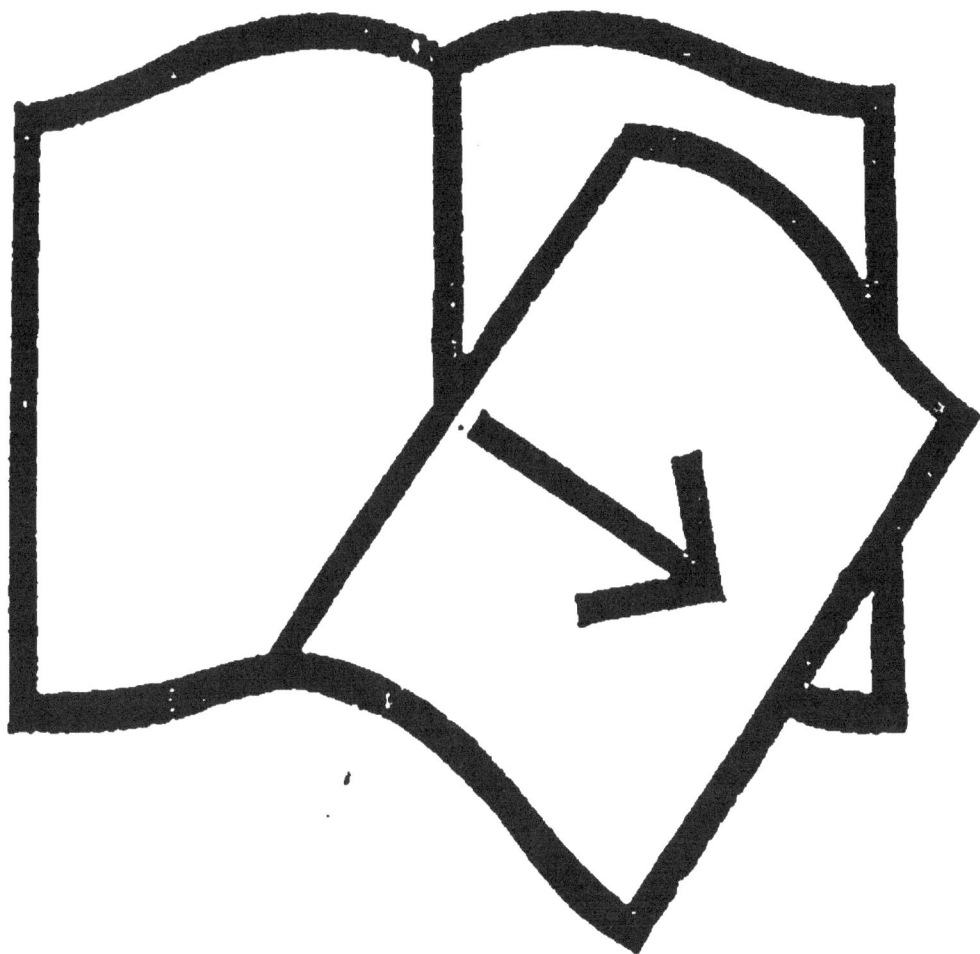

Documents manquants (pages, cahiers...)
NF Z 43-120-13

www.ingramcontent.com/pod-product-compliance
Lightning Source LLC
Chambersburg PA
CBHW071839200326
41519CB00016B/4168